水利工程隧洞施工中的关键技术与管理

成益洋　著

黄河水利出版社
·郑州·

图书在版编目(CIP)数据

水利工程隧洞施工中的关键技术与管理/成益洋著
.—郑州:黄河水利出版社,2024.5
ISBN 978-7-5509-3873-1

Ⅰ.①水… Ⅱ.①成… Ⅲ.①水工隧洞-隧道施工-施工技术②水工隧洞-隧道施工-施工管理 Ⅳ.①TV672

中国国家版本馆 CIP 数据核字(2024)第 080392 号

组稿编辑:韩莹莹 电话:0371-66025553 E-mail:1025524002@qq.com

责任编辑:韩莹莹 责任校对:郑佩佩 封面设计:张心怡 责任监制:常红昕
出版发行:黄河水利出版社
地址:河南省郑州市顺河路 49 号 邮政编码:450003
网址:www.yrcp.com E-mail:hhslcbs@126.com
发行部电话:0371-66020550、66028024
承印单位:河南新华印刷集团有限公司
开本:787 mm×1 092 mm 1/16
印张:10
字数:200 千字
版次:2024 年 5 月第 1 版 印次:2024 年 5 月第 1 次印刷

定价:56.00 元

前　言

水利工程是国民经济和社会发展的重要基础设施，而隧洞施工是水利工程建设中的关键环节之一。隧洞施工涉及的技术和管理问题十分复杂，需要综合多个方面。为了提高水利工程隧洞施工的质量和效率，保障工程的安全性和稳定性，作者撰写了该书，旨在系统总结水利工程隧洞施工中的关键技术和管理经验，为相关从业人员提供参考和借鉴。

全书共分为六章。第一章介绍了水利工程隧洞的基本概念、分类与特点及作用与重要性，为后续章节打下基础。第二章深入探讨了隧洞设计方法的类型、选择依据，以及实际应用的注意事项，以确保隧洞设计的合理性和可靠性。第三章详细阐述了水利工程隧洞施工特点，包括地质与水文环境、工程规模与复杂性、施工周期与进度控制等方面，同时强调了安全管理、环境保护与可持续发展在隧洞施工中的重要性。第四章聚焦水利工程隧洞施工的关键技术，如开挖施工技术，爆破作业技术，钻孔、灌浆施工技术，隧洞支护技术等，为实际施工提供了关键技术支持。第五章则重点介绍了水利工程隧洞的施工管理，包括技术管理、质量控制和安全管理等方面的内容，旨在提高隧洞施工的规范性和科学性。第六章针对水利工程隧洞施工中可能出现的问题，如溶洞施工处理、隧洞涌水问题及隧洞施工坍塌等，提出了相应的对策及措施，为实际施工提供切实可行的解决方案。

本书在撰写过程中，注重系统性，全面涵盖了水利工程隧洞施工的各个方面，从基本概念到设计研究，再到施工技术、施工管理等，确保内容丰富而具体。本书还注重实用性，除了进行理论阐述，还结合实际案例，提供了大量实用的经验和方法，以便读者在实际工作中加以应用。在指导性方面，本书不仅详细介绍了隧洞施工的关键技术，还深入探讨了施工管理的各个方面，为提高隧洞施工的规范性和科学性提供了指导。此外，本书在语言运用上力求简练明了，确保读者能够轻松理解复杂的技术和管理问题。

本书在撰写过程中，参考了行业内的相关文章，从中汲取了宝贵的经验和知识。在此，对这些文章的作者表示衷心感谢！

由于作者水平有限,书中难免存在一些缺点和不足之处,真诚地希望广大读者能够予以指正,从而不断完善。

作　者

2024 年 1 月

目 录

第一章　水利工程隧洞概述

第一节　水利工程隧洞的基本概念

在水利工程领域，隧洞通常被应用于引水、排水和输水等方面。因此，水利工程隧洞实际上是指那些在山体中或地下开凿的过水通道，也被称为水工隧洞，通常由岩石、土或其他材料构成。隧洞的长度范围，可以从几米延伸至几十千米不等，其横截面形状和尺寸也会因工程需求而各异。隧洞的建设旨在通过地下通道，有效地利用水资源，并解决地形或地质条件对水利工程布局的限制。

水工隧洞可用于灌溉、发电、供水、泄水、输水、施工导流和通航。根据水流特性，隧洞可分为无压隧洞和有压隧洞。无压隧洞的水流具有自由水面，而有压隧洞则使洞壁承受一定水压力。

水工隧洞的历史可追溯至古代。早在公元前 120—前 111 年，我国就在今陕西省龙首渠上修筑了输水隧洞。近代以来，随着灌溉、供水和水电建设的不断发展，采用隧洞的工程逐渐增多。20 世纪 60 年代以后，随着岩石力学、施工技术，以及新奥地利隧洞施工法的应用和计算技术的发展，水工隧洞建筑规模不断扩大。设计理论逐渐趋向合理，预应力衬砌、锚喷支护、利用高压喷射灌浆在软基上开挖洞室、将衬砌与围岩视为整体的有限单元法等技术逐步成熟。

水工隧洞的建设不仅依赖于先进的工程技术，也受到地质条件的严格制约。隧洞建设的目标是在确保安全的前提下，最大限度地发挥水资源的利用效益。因此，设计师和工程师们需要综合考虑地质勘查、施工技术、支护结构等多方面因素，以确保隧洞的可靠性和稳定性。

水工隧洞的成功建设为水资源的高效利用、灌溉和水电等工程的实施奠定了坚实的基础。隧洞的开凿，使水利工程得以克服地理障碍，实现了水资源的输送和分配。这对于改善干旱地区的灌溉条件、提高农田产量，以及推动水力发电事业的发展都具有重要意义。

然而，水工隧洞建设也面临一系列的挑战和问题。地质条件的不确定性、施工中可能遇到的地质灾害、施工过程中的安全管理等问题都需要认真对待。在现代隧洞建设中,先进的勘查技术、工程机械和施工管理方法的应用是解决这些问题的关键。

总体而言,水工隧洞在水利工程中扮演着不可或缺的角色。通过对水资源进行高效管理和分配,为社会经济的可持续发展提供了有力支持。在未来,随着科技的不断进步,水工隧洞建设将更加注重绿色、环保和可持续发展,为人类创造更加清洁、高效的水资源利用环境。

第二节　水利工程隧洞的分类与特点

水工隧洞按其功用可分为:①引水、输水隧洞。引水或输水以供发电、灌溉或工业和生活之用。②导流、泄洪隧洞。在兴建水利工程时用以导流或运行时泄洪。③尾水隧洞。排走水电站发电后的尾水。④排沙隧洞。排冲水库淤积的泥沙或放空库水以备检修水工建筑物之用。水工隧洞根据受压状态的不同,又可分为有压隧洞和无压隧洞。

一、功能分类

(一)引水、输水隧洞

引水、输水隧洞是一种专门用于引导和输送水资源的地下通道,广泛应用于水利工程中。引水隧洞主要是将水从自然水源引导到水利工程的入口,而输水隧洞则负责将这些水资源有效输送到需要的地区。这两种类型的隧洞在水资源的引导和输送过程中扮演着关键的角色。引水、输水隧洞具有以下特点。

1. 长距离输送

在水利工程中,引水、输水隧洞在长距离的水资源输送方面发挥着重要的作用。长距离输送是指隧洞需要跨越较大的地理范围,确保水源从其自然源头,如水库或河流等水源地,有效地输送至需要的地区。这种长距离输送的特点使得引水、输水隧洞在连接远离水源的区域时具有显著的优势。

在设计和建设隧洞时,考虑到长距离输送的需求,工程师会采取一系列措施确保隧洞的可靠性和高效性。首先,隧洞的走向和深度会经过仔细研究,以找到最经济和最安全的路径。其次,横截面的设计会考虑水流的动力学特性,以降低流阻,提高输水效率。

长距离输送需要隧洞具备足够的输水能力,以确保水资源能够快速、稳定地到达目的地。这可能涉及管道的尺寸、流速的控制等方面的精确设计,以适应不同地质条件和水流需求。同时,综合考虑地质条件也是确保长距离输送的关键因素,以防止在复杂地质环境中出现问题。

2. 横截面形状

引水、输水隧洞的特点之一是隧洞横截面形状的精心设计。这种设计不仅考虑了水流的动力学特性,而且旨在确保水在隧洞内稳定流动,减小流阻以提高输送效率。横截面的形状直接影响了水流的动态行为和能量损失。

在设计中,工程师会根据水流的速度、流量和管道直径等因素,选择最适合的横截面形状。通常,这些形状会被精心优化,以减小水流与隧洞壁之间的摩擦力,从而降低流阻。这种优化设计有助于保持水流的稳定性,减少能量损失,提高输送效率。

水流的动力学研究对于横截面形状的选择至关重要。通过了解水在隧洞内的流动特性,工程师可以更好地调整横截面形状,使其适应水流的动态需求。这不仅有助于提高水的输送效率,还能减轻水力损失,确保水在输送过程中能够更顺利到达目的地。

因此,引水、输水隧洞通过精心设计横截面形状,充分考虑水流的动力学,不仅能够提高输送效率,还有助于确保水资源在长距离输送的过程中更加稳定和可控。这种设计理念在水利工程中的应用为水资源可持续利用和高效管理提供了坚实的基础。

3. 大流量承载

引水、输水隧洞的设计以承载大流量的水为目标,这一设计理念确保在水源充足的情况下,隧洞能够满足广泛的用水需求,涵盖了发电、农业灌溉和城市供水等多个领域。

这种设计的目的在于适应不同领域对水资源的多样化需求。特别是在水力发电领域,引水、输水隧洞需要能够有效地输送大量水流以驱动涡轮机,从而产生电能。此外,在农业灌溉方面,大流量承载的设计确保了足够的水资源可及时灌溉农田,促进作物的生长。同时,对于城市供水,这种设计确保了在水需求高峰期,隧洞能够稳定、迅速地向城市输送所需的大量水源。

这一设计理念反映了引水、输水隧洞在水资源管理中的全面性和灵活性。通过满足大流量的输送需求,这些隧洞成为支持多个行业和领域的关键基础设施,促进了经济社会的可持续发展。在设计和运营中,工程师需要综合考虑水资源的可用性、需求的灵活性,以及隧洞的结构强度,确保大流量承载的设计既能满足用水需求,又能保障隧洞的稳定性和安全性。

4. 输水能力

引水、输水隧洞必须具备足够的输水能力，确保水源能够在输送过程中迅速、高效地到达目的地。输水能力的设计考虑了多个因素，其中包括水流速度、管道直径等，旨在优化整个输水过程。

输水能力的设计关乎隧洞在不同应用场景下的灵活性和输水效率。其中，水流速度的合理控制是确保输水能力的关键因素。通过精确调整水流速度，设计者可以平衡输水过程中的速度与稳定性，以避免可能的压力波、水击力等不利影响。

管道直径的选择也会直接影响输水能力。合适的管道直径可有效减小水流与管道壁之间的摩擦阻力，从而提高输水效率。这需要对输水系统进行细致的工程设计，以确保在不同场景下能够充分发挥隧洞的输水能力。

无论是供给城市生活用水、支持农业灌溉，还是为水力发电提供动力，引水、输水隧洞能适应不同用水需求的变化。通过在设计中考虑输水能力，隧洞能够更灵活、高效地应对不同环境和用水需求，为水资源的可持续利用提供强有力的技术支持。因此，输水能力的综合设计是引水、输水隧洞在水利工程中发挥关键作用所不可或缺的。

5. 高效管理和分配水资源

引水、输水隧洞的特点之一是致力于高效管理和分配水资源。这些隧洞的建设旨在通过地下通道，充分利用水资源，以解决地形或地质条件对水利工程布局的限制。这一特点使水资源得以有效管理和分配，以满足不同领域的广泛用水需求。

地下通道提供了一种有效的方式来克服地形障碍，将水源从丰富的区域输送到需水的地方。这种高效的水资源管理使得水利工程能够规避地区间的地形、地质条件，为不同领域的水需求提供可行的解决方案。

通过引水、输水隧洞的建设，水资源得以在不同地域之间迅速流通，从而满足发电、农业灌溉、城市供水等多个领域的用水需求。这为经济社会的可持续发展创造了条件，同时解决了水资源短缺和分布不均等问题。

此外，隧洞的高效管理和分配水资源也有助于解决水资源利用中的限制。通过利用隧洞，能够规避地区复杂的地质条件，从而提供可靠的水资源输送系统，为不同领域提供稳定的水源。

（二）导流、泄洪隧洞

导流、泄洪隧洞是一种用于引导水流或在水流过程中泄洪的人工隧洞。其主要功能是调节水体的流向，防止水流对工程设施或周围环境造成不良影响。导流隧洞用于将水流引导向特定方向，以确保水流通过指定的通道。泄洪隧洞则在水位上升时，通过隧洞泄洪以维持水体的安全水位。导流、泄洪隧洞具备以下特点。

1. 水流控制

导流、泄洪隧洞通过引导水流或实施泄洪的方式，旨在维持水体在合适的水位，防止洪水对工程设施和周围地区造成危害。

在设计中，导流、泄洪隧洞需要考虑水流的各种动态因素，如流速、流量、水位等，确保隧洞能够在不同水文条件下灵活、高效地进行水流控制。通过引导水流，隧洞能够将水流导向指定方向，避免对工程设施产生不利影响。在水位上升时，隧洞通过泄洪的方式，有效地降低水位，减轻洪水对周边地区的威胁。

水流控制是导流、泄洪隧洞设计的核心目标，通过水流控制，隧洞在水文变化和极端天气条件下，能够迅速、有效地应对洪水威胁。在实际运行中，隧洞的水流控制特点为水利工程提供了保障，确保了工程设施和周围社区的安全。因此，导流、泄洪隧洞的设计理念以水流控制为核心，为防范洪水灾害和水资源管理提供了关键的技术支持。

2. 结构稳定

导流、泄洪隧洞强调结构的稳定性。这类隧洞在设计和建设中需处理大量水流，因此结构的坚固与稳定至关重要。隧洞的结构必须足够稳固，能够承受水流的冲击和压力，确保在各种水流条件下都能安全运行。

结构稳定性是导流、泄洪隧洞设计的核心考虑因素之一。面对水流的冲击，隧洞的结构必须能够抵御外部力量，防止因水压和水流引起的结构变形或破坏。这需要在设计中采用适当的材料、结构形式和支护措施，以确保隧洞能够承受水力环境的挑战。

隧洞结构的稳定性直接关系到水利工程的可靠性和安全性。稳固的结构可以保证在洪水、暴雨等极端水文条件下，隧洞能够维持其功能，有效地导流或泄洪，防范因水流带来的灾害。这种结构的稳定性也确保了隧洞在长期运行中的可靠性，提高了水利工程的寿命和可维护性。

3. 可调节性

导流、泄洪隧洞具备可调节性。随着水位的变化，这类隧洞通常需要具备可调节的特性，以适应不同的水流需求。这种可调节性使隧洞在面对不同的水文条件时能够灵活应对，具有更强的适应性和实用性。

在实际运行中，水位可能因天气、季节或水流的变化而不断波动。导流、泄洪隧洞通过可调节的设计，根据水位的变化进行相应的调整。这通常通过闸门、阀门、启闭机等机械设备实现，以便在需要时能够改变隧洞的开启程度或关闭状态。

可调节的设计使得隧洞能够更加灵活地应对水文条件的多样性。在水位上升时，隧洞可以更大程度地开启，加速泄洪过程，减轻洪水对周边地区的威胁。而在水位下降时，隧洞可以适度关闭，保留水源或调整水流的导向。

因此，导流、泄洪隧洞的可调节性，使其能够适应不断变化的水文条件。这样的设计理念不仅确保了隧洞在各种情况下的高效运行，也为水利工程提供了一种更为智能和可持续的水流控制解决方案。

4. 环境友好

导流、泄洪隧洞具有环境友好的设计理念。在整个设计和建设过程中，充分考虑了隧洞对周围环境的影响，并采取一系列环境友好的措施，以减少生态破坏，并确保水流的导向和泄洪对生态系统的干扰最小。

在导流、泄洪隧洞的设计中，工程师通常会选择符合环保标准的建筑材料，降低隧洞对周边土壤和水体的污染风险。此外，考虑到水流的导向对水生态系统的影响，隧洞的结构和形状也应尽可能与周围环境相协调，减少对生态系统的侵害。

通过合理设计出口和泄洪通道，隧洞能够控制泄洪水流的速度和方向，将对下游生态环境造成的冲击最小化。此外，在水流的导向过程中，应采取适当的生态修复措施，如植被恢复和河岸修复，保持当地生态系统的稳定。

这种环境友好的设计理念不仅有助于保护周围的生态环境，还有助于维持水流控制系统的长期可持续性。通过减少对生态系统的影响，导流、泄洪隧洞在水资源管理中发挥着积极作用，为水利工程的可持续发展提供了一种更为综合和生态友好的解决方案。

（三）尾水隧洞

尾水隧洞是一种用于排放水电站发电后的尾水的人工隧洞。尾水，即水轮机发电后多余的水流，需要被有效地排放，以维持水体的正常水位。尾水隧洞是通过人工开凿的通道，将尾水从水电站引导到合适的位置，避免尾水对水电站及周边环境造成不利影响。尾水隧洞具有以下特点。

1. 尾水排放

随着水流通过水轮机发电，所产生的尾水需要迅速而有序地排出，防止因水位过高而对水电站及其周边地区造成危害。尾水排放的关键是确保水体在水电站上下游之间保持平衡，避免水流在水电站附近滞留导致不必要的水土流失或生态破坏。

尾水隧洞以其显著的特点——尾水排放,成为水电站等水利工程中不可或缺的组成部分。其主要功能在于有效地排放水电站发电后产生的尾水,以维持水体的平衡。这一特点的重要性在于其对水位的调控,从而减轻对水电站上游和周边环境的潜在影响。

尾水隧洞通过地下通道的形式,将尾水引导至下游水体,保持水流的平稳有序。这种排放特点不仅有助于防范水位上升,还减轻了对水电站上游生态环境的压力,为周边社区和生态系统创造了更为稳定的水文环境。

2. 结构强健性

鉴于尾水隧洞需处理大量的尾水流量,其结构被要求足够强健,以承受水流的巨大压力和冲击。这种结构上的强健性是确保尾水隧洞在长期运行中安全可靠的基础。

结构强健的设计包括选择合适的建筑材料、采用适当的支护和加固措施,以确保隧洞能够稳固地抵御水流产生的冲击。

尾水隧洞的结构稳定性不仅是为了保障隧洞本身的安全运行,还关乎整个水利工程系统的可靠性。强健的结构可以有效地防止水流压力导致的结构变形、破坏或渗漏等,确保隧洞能够在各种水文条件下始终保持其功能。

3. 导流效率

设计高效的导流系统是尾水隧洞成功运行的关键因素之一。隧洞的结构和通道被精心设计,确保尾水在通过隧洞时能够迅速而有序地流向下游水体。这种导流效率不仅有助于防止水体滞留在水电站上游,减轻对水电站及其周边地区的水土资源压力,同时也有助于维护河道的自然水流特性。

通过高效导流,尾水隧洞能够有效减少水土流失的风险。水流顺畅流向下游水体有助于保持河床的稳定性,减缓河岸被侵蚀的速度,有利于维护周边生态系统的健康。

4. 生态考虑

尾水隧洞在设计和建设过程中充分考虑了对下游生态系统的影响,确保尾水排放不对周围环境造成过度干扰。在实现尾水排放的同时,还采取了一系列生态措施,体现了对生态平衡和环境可持续发展的高度关注。

在尾水隧洞的设计中,通常会考虑泄流速率,以避免过快的尾水排放对下游水体的冲击。适当的泄流速率有助于维护下游河流的自然水流特性,减缓水流速度,减少对河岸的侵蚀,降低水体挟带泥沙的可能性。

此外,尾水隧洞的生态考虑还包括生态修复工程。通过采用植被恢复、栖息地保护和河岸修复等措施，尽可能减轻尾水排放对下游生态系统的影响。这些工程旨在促进生态系统的稳定、保护水中生物多样性，以及维护河道周边的自然环境。

因此，尾水隧洞在考虑对下游生态系统产生的影响时，不仅关注尾水排放速率的合理调控，还注重通过生态修复等手段来降低尾水对生态环境的干扰。这一为生态考虑的设计理念不仅使尾水隧洞具有实用性，还体现了对生态平衡和环境友好的关切。

5. 安全运行

尾水隧洞同样对安全运行有着高度要求。在尾水隧洞的设计和建设中，必须确保在各种水流条件下都能够安全有效地运行。这包括在水位波动、洪水等极端情况下，尾水隧洞能够迅速而有序地导流，避免潜在的灾害和不可预见的环境影响。

水位波动和洪水是水利工程中常见的自然现象，因此尾水隧洞必须具备应对这些变化的能力。其设计需要考虑水位的周期性变化，并确保在水流剧烈波动的情况下依然能够安全导流。这要求隧洞的结构和导流系统能够适应不同水流条件，确保在任何时候都能够保持高效的运行状态。

此外，尾水隧洞在面对洪水等极端水流条件时，必须能够迅速、安全地应对。在这些情况下，隧洞需要具备强大的导流能力，确保水流不会对水电站及周边地区造成严重影响。因此，在尾水隧洞的设计和运营中，安全是首要关注的方面，要保障水电站和周边环境的整体安全。

（四）排沙隧洞

排沙隧洞是一种用于排除水库淤积的泥沙或在必要时放空库水的工程隧洞。排沙隧洞具有以下特点。

1. 泥沙排除

排沙隧洞的显著特点主要体现在其卓越的泥沙排除功能上。这类隧洞的主要任务是有效地清除水库中积聚的泥沙，这些颗粒状物质通常是由水流带入水库并在其中沉积形成的。泥沙的积聚如果不及时处理，可能导致水库的淤积，影响水库的库容。

随着时间的推移，水库中的泥沙逐渐沉积，形成淤积层。排沙隧洞通过其独特的设计和定期的泥沙排除操作，能够有效地清理水库中的泥沙，防止淤积问题的发生。这种特性对于保持水库的设计深度、维护水库各项功能，尤其是保证正常的水流畅通，具有至关重要的意义。

排沙隧洞的泥沙排除功能不仅有助于水库内部的维护，还对整个水利工程系统的正常运行起到关键作用。通过定期清理泥沙,水库能够保持其预定的水位和水流畅通,确保水库能够在需要时有效地应对各种水文条件。

2. 定期清理

排沙隧洞的独特之处在于其需要定期进行清理维护,确保其通道畅通无阻。由于泥沙的沉积是一个逐渐积累的过程,随着时间的推移,泥沙会逐渐堆积在排沙隧洞的通道中,影响正常的泥沙排除功能。因此,定期清理成为确保排沙隧洞正常运行的重要措施。

随着泥沙的沉积,排沙隧洞的通道可能变得狭窄,流通能力下降,甚至可能被完全阻塞。为了维持排沙隧洞的设计流量和有效排沙能力,定期清理工作变得至关重要。清理过程通常包括对隧洞通道的机械清淤、泥沙清理和排除操作。

定期清理排沙隧洞不仅有助于维持其泥沙排除功能,还确保了水利工程的稳定运行。通过定期检查和清理,可以防止泥沙的过度积聚,避免淤积问题的发生,提高排沙隧洞的运行效率和长期可靠性。

3. 防止淤积影响工程

水库淤积是由于河流输送的泥沙在水库内沉积而形成的现象,如果处理不得当,可能会对水利工程设施产生一系列不利的影响。排沙隧洞的泥沙排除功能,成为解决水库淤积问题的重要手段。

水库淤积对水利工程设施可能造成的不利影响主要包括减少水库的实际库容、降低水库的设计深度、影响水库的正常水流等。水库淤积导致水库底部的泥沙层逐渐增厚,这会影响水库的储水能力,减少可供调度的水量。此外,淤积还可能导致水库设计深度的降低,影响水库的正常运行和水流通畅。

排沙隧洞的存在是为了能定期清理泥沙,有效防止水库淤积问题。通过泥沙的排除,水库能够维持设计深度,确保水库在各种水文条件下都能够正常运行。

4. 减轻泥沙对下游环境的影响

泥沙淤积不仅对水库内部产生影响,还可能对下游河道和生态环境造成负面影响。排沙隧洞通过其泥沙排除功能,对维护下游环境的稳定性和生态平衡具有重要意义。

泥沙淤积可能导致下游河道冲刷和河床淤积,给河道的自然生态系统和沿岸生态环境带来威胁。通过排沙隧洞,可以及时排除水库中的泥沙,有效减轻泥沙对下游河道的冲刷;维护河床的稳定性,保持水流的正常通畅,防止河道水位变动引发的生态问题。

此外，排沙隧洞还有助于减少泥沙对下游河流的淤积影响。泥沙的沉积可能导致河床高度的变化，影响河流水域的生态平衡和水生物的栖息地。通过排沙隧洞定期清理泥沙，有助于保持下游河道的自然状态，减轻泥沙对水生态系统的不利影响。

二、受压分类

（一）有压隧洞

有压隧洞是指在水工隧洞施工中，由于洞内水压较大而采用的一种特殊类型的隧洞。这类隧洞通常应对高水头、深埋、高地应力等特殊水工地质条件，其洞内水压大于大气压，因此被称为有压隧洞。现从以下几方面进行介绍。

1. 水压作用

有压隧洞的显著特点之一是其洞内受到一定的水压作用。这种水压可能源于多种因素，如高水头、深埋或其他特殊的地质条件，使得隧洞在设计和施工过程中必须充分考虑水压对结构和岩体稳定性的影响。

水压作用是有压隧洞设计中的重要因素，它直接影响着隧洞结构的安全性和稳定性。在高水头情况下，洞内水压会随着水头的增加而增大，因此有压隧洞的结构必须能够有效抵抗来自水压的外部力。深埋或其他复杂地质条件也可能导致隧洞受到额外的水压作用，因此在设计中需要充分评估地质条件对水压的影响。

在考虑水压作用时，工程师通常采用一系列的工程手段和结构设计来确保有压隧洞的稳定性。这包括使用高强度材料、合理的结构，以及采用适当的支护技术等，以增强隧洞的整体结构。

总体而言，有压隧洞的水压作用是一个至关重要的因素，需要设计和施工团队充分了解和应对水压对隧洞结构的影响。通过科学合理的设计和施工手段，确保有压隧洞在水压作用下能够稳定可靠地运行，以满足工程的长期使用要求。

2. 结构强度

有压隧洞的结构需要具备更高的强度，来抵抗洞内水压带来的外部压力。这种高水压环境使有压隧洞的结构设计更为复杂，这样才能确保隧洞在运行中能够安全、稳定地承受水压的作用。

为了增强有压隧洞的结构强度，通常需要对设计结构加固。这可能包括使用高强度的材料，如特殊的混凝土配方或高强度钢材，以增加结构的抗压能力。此外,也可能采用先进的支护技术,如预应力锚索、锚喷支护等,来提高隧洞的整体稳定性。

支护技术在有压隧洞的设计和施工中扮演着关键的角色。通过在洞体周围引入支护结构,可以有效地分散水压力,减轻对洞体结构的直接影响。这种结构强度的提高不仅确保了有压隧洞的稳定性,还增强了隧洞的耐久性,使其能够长时间安全运行。

3. 施工技术

有压隧洞的施工需要采用特殊的技术,以适应水压环境下的工程要求。水压的存在在施工过程中增加了额外的挑战,因此需要工程团队采用创新的方法和先进的技术,确保有压隧洞的安全、高效施工。

一种常见的有压隧洞施工技术是水下爆破。这种方法允许在洞体周围的水中进行爆破作业,有效地减少了水压对爆破操作的干扰。通过合理控制爆破过程,工程师可以在水压环境下安全地进行隧洞的开挖。

深埋隧洞开挖是另一种常见的有压隧洞施工技术。在这种方法中,工程师采用深埋式挖掘机械,在水压环境下对地下洞体进行开挖。这样的施工方式可有效减少水流对挖掘机械的影响,提高施工的精度和安全性。

压力注浆是在有压隧洞施工中常用的一种支护技术。通过注入特定的材料,如水泥浆液,增加洞体围岩的强度和密实度,从而提高隧洞的整体稳定性。这种技术在水压环境下具有较好的适应性,可以有效地应对水压带来的挑战。

4. 安全考虑

由于受到水压的影响,有压隧洞的安全性成为至关重要的关注点。在整个运行周期中,工程团队必须采取一系列措施,确保隧洞结构的完整性,防止水压对洞体造成不可逆的损害。

(1)有压隧洞需要定期检查和监测。通过定期对洞体结构、支护系统及水压情况进行细致的检查和监测,可以及时发现潜在问题,并采取相应的维护措施,确保隧洞在高水压环境下的长期安全运行。

(2)灵活而有效的紧急响应计划是确保有压隧洞安全的重要手段。在水压剧烈波动、地质活动或其他突发事件发生时,可以迅速启动紧急响应计划,采取必要的紧急措施,最大程度地减轻潜在风险,保障隧洞及其周边区域的安全。

(3)培训有关人员,使其具备处理有压隧洞安全问题的能力。具备专业知识和技能的工作人员能够更好地应对紧急情况,提高隧洞的整体安全水平。

(二)无压隧洞

无压隧洞是指在隧洞内部不受水压的影响,即水流在洞内没有压力作用的地下通道。现从以下方面进行介绍。

1. 水流状态

无压隧洞的显著特点之一是其中的水流通常呈自由水面状态,即水面没有受到额外的水压力。无压隧洞的这一特性为水流提供了相对自由的空间,适用于一些对水流速度和水面高度要求较为宽松的工程。在自由水面状态下,水流的表现相对灵活,不受过多约束,因此适用于一系列不同用途的水利工程。

这种水流状态使无压隧洞在一些工程中具有独特的优势。首先,对水流速度和水面高度的要求相对较低,适用于一些需要较为平缓水流的场合,如灌溉系统或供水管道。其次,在自由水面状态下,水流的控制相对简便,减少了工程设计和运行维护的复杂性,降低了相关成本。最后,无压隧洞中的自由水面状态也减少了对洞体结构的特殊要求。相对于有压隧洞而言,无压隧洞的结构设计更加简化,不需要考虑抵抗水压带来的外部压力。这种简化有助于降低工程建设的技术难度,提高工程的施工效率。

2. 洞体设计

无压隧洞的显著特点之一体现在洞体设计的简化。因为无压隧洞内部不受水压的影响,不需要考虑抵抗水压带来的外部压力,这使洞体设计更加灵活且相对简化。

在无压隧洞的洞体设计中,不必采用复杂的结构和支护系统来应对水压对洞体的挤压力,降低了对结构强度的特殊要求。相较于有压隧洞,无压隧洞的洞体结构通常更加轻巧,不需要过于庞大的支护结构,在一定程度上简化了工程的设计和施工过程。

由于无压隧洞洞体设计的简化,工程团队可以更加注重降低建设成本、提高施工效率,并在一定程度上降低了技术难度。这让无压隧洞成为一种在对水压要求不高、水流条件较为宽松的场合中经济实用的选择。

3. 工程用途

无压隧洞通常适用于一些对水流条件要求相对宽松的场合,主要应用于灌溉、供水、泄水等工程。这些工程对水流的控制要求相对较低,因此无需过多考虑水压对水流造成的影响。

在灌溉系统中,无压隧洞可以用于引导水源到达农田,以满足农作物的灌溉需求。无压隧洞不受水压的影响,水流相对自由,适用于较为平缓的水流环境，为农田提供了稳定的水源。

在供水工程中，无压隧洞用于将水源从水库、河流等地点输送到城市或其他需要水源的区域。水流状态为自由水面，使得对水流的控制相对简便，适用于一些水流条件相对宽松的输水工程。

在泄水工程中，无压隧洞用于在水位升高或洪水来临时，将多余的水流导向指定区域，防止水体对工程设施和周围地区造成危害。由于对水流控制要求相对较低，无压隧洞在泄水工程中具有一定的灵活性和适用性。

4. 施工难度

无压隧洞的施工相对较为简单，施工难度通常较低，相较于有压隧洞而言，不需要采用复杂的支护和防水措施。无压隧洞内部不受水压的影响，不需要考虑水压对结构和岩体稳定性的影响，从而简化了施工工艺，减少了对结构强度的特殊要求。

在施工过程中，无压隧洞的洞体设计和结构相对轻巧，不需要过于庞大的支护结构，这降低了施工所需的材料和设备投入，进而减轻了施工的经济负担。此外，由于不需要采取复杂的水压处理措施，如压力注浆等，也降低了施工过程中的技术难度和时间成本。

因此，无压隧洞在施工阶段更容易实施，特别适用于一些对水流条件要求相对宽松的工程。这种相对简单的施工过程有助于提高施工效率，降低施工成本，为工程的顺利实施创造了良好的条件。

5. 成本考虑

无压隧洞的结构设计相对简单且施工难度较低，这对工程建设来说通常能够带来成本的降低。相对于有压隧洞而言，无压隧洞在设计上更为简化，不需要考虑洞体结构抵抗水压的问题，降低了对结构强度的特殊要求。在施工过程中，由于不需要采用复杂的水压处理措施，施工难度和时间成本相对较低，从而减轻了施工的经济负担。

此外，无压隧洞的洞体设计相对轻巧，不需要过于庞大的支护结构，减少了所需的材料和设备投入，有助于降低施工的总成本。在一些对水流条件要求相对宽松的工程中，选择无压隧洞更为经济合理，特别是在成本控制成为项目重要考虑因素的情况下。

因此，从结构设计和施工成本的角度考虑，无压隧洞为一些特定工程提供了更为经济的选择。这种经济性的考虑有助于项目在预算范围内完成，并提高了工程建设的可行性。

第三节 水利工程隧洞的作用与重要性

一、水资源调度与输送

水工隧洞是水利工程中关键的地下结构,在水资源调度与输送方面发挥着重要作用。通过水工隧洞的建设,实现了水资源的跨区域输送,解决了地区之间水资源分布不均和水资源短缺的问题,对整个水资源管理系统具有深远的影响。

在某些地区,由于地理位置、气候条件等因素,水资源分布不均,可能会面临水资源短缺的困扰,而另一些地区可能有富裕的水资源。水工隧洞通过将水资源从富裕的地区输送到短缺的地区,实现了水资源的合理调度,确保了各地区的水资源均衡。

同时,水工隧洞的建设有助于解决因地理条件限制造成的水资源利用难题。有些地区可能由于地形险峻、河流湍急等原因,难以直接通过地表水渠进行输送。而水工隧洞作为地下通道,可以穿越山脉或其他难以通行的地形,克服了地理条件的限制,实现了水资源的跨越式输送。

水工隧洞对解决自然灾害带来的水资源短缺问题也起到了积极作用。在干旱等灾害发生时,一些地区的水源可能受到极大影响,水工隧洞可以将水源从不受灾害影响的地区输送到受灾区域,为灾区提供及时、充足的水资源支持,减轻了自然灾害对水资源的冲击。

总体来说,水工隧洞在水资源调度与输送方面的作用与重要性不可忽视。通过促进水资源的合理配置,解决地区之间水资源分布不均等问题,水工隧洞为维护地区水资源安全、促进可持续发展发挥了关键作用。其建设不仅对解决当前的水资源管理难题具有积极影响,同时也为未来水利工程的发展奠定了坚实基础。

二、灌溉用水

水工隧洞在水资源利用方面的作用与重要性表现得尤为明显,尤其是在农业灌溉方面发挥了关键作用。通过水工隧洞的建设,实现了农田的引水灌溉,为农田提供了充足的水资源,在农业生产中发挥了积极的作用。

(1)水工隧洞在灌溉用水方面为农业提供了稳定的水源。在一些地区,由于气候条件、降水不足或季节性变化等原因,农田常常面临着水资源不足的问题。水工隧洞通过引水将水资源输送到农田，弥补了地表水源的不足，确保了农田在关键时期能够获得足够的灌溉水，提高了农业生产的稳定性。

（2）水工隧洞的建设有助于实现精准灌溉，提高了水资源的利用效率。传统的灌溉方式往往存在水资源浪费的问题，而水工隧洞通过地下通道将水源引入农田，可以更精确地进行灌溉，减少水资源的流失，提高水分利用效率，从而达到节水的目的。

（3）水工隧洞的存在可有效助力农业产量的提高。通过为农田提供足够的水源，农作物得以充分生长，提高了产量和质量。这对于解决粮食安全和农产品供应问题具有积极作用，有助于农业经济的可持续发展。

总体而言，水工隧洞在灌溉用水方面的作用与重要性凸显了其在农业生产中的不可替代性。通过解决水资源不足，实现精准灌溉，水工隧洞为农业提供了稳定的水源，有力地支持了农业的发展。在实现农业现代化和保障粮食安全的过程中，水工隧洞将继续发挥重要作用，为农业领域的可持续发展提供关键支持。

三、水电能源开发

水工隧洞在水电能源开发中具有至关重要的作用。作为水电站的关键组成部分，水工隧洞通过引水、提高水头和驱动水轮机，为清洁能源的生产提供了重要的支持。

通过水工隧洞引水到发电厂，将水源有效地输送至水轮机，为发电提供了可靠的动力来源。这一过程涉及将水资源从水库、河流或其他水源地引导至水电站，通过建设的水工隧洞，让水资源在地下穿越障碍，最终被输送到发电厂，确保水电站的正常运转。

除引水外，水工隧洞的重要性还在于提高水头，从而提高水轮机的发电效率。水头是指水流由高处流向低处时所获得的势能差，是水能转换为电能的关键因素。水工隧洞的设计能够合理调节水流的高差，最大化地提高水头，提高水轮机的转速，进而提高发电效率。这种机制使水电站在生产清洁能源时能够更为高效地利用水资源，降低对其他能源的依赖。

水工隧洞的建设还有助于减少对环境的影响。相较于传统的水库式发电，水工隧洞通过将水流引入地下通道的方式，降低了对自然景观的干扰，减轻了河流生态系统的压力。这有助于保护水域生态环境，减少对生态系统的破坏，体现了清洁能源的环保特性。

综合而言，水工隧洞在水电能源开发中的作用与重要性不可低估。通过引水、提高水头和驱动水轮机，水工隧洞为水电站提供了关键的技术支撑，实现了清洁能源的生产。其环保、高效的特点使水工隧洞在可持续能源发展的道路上发挥着重要作用，为人类提供清洁、可再生的电力资源。

四、防洪与防灾

水工隧洞在防洪与防灾方面发挥着重要的作用。通过其快速、有效转移水流的特性，水工隧洞成为防洪工程中关键的地下结构，具有降低洪水威胁和减缓洪峰流速的功能。

在洪水来临时，水工隧洞可以迅速转移水流，避免河水溢出，减缓洪水对周边地区的冲击。洪水常常伴随着暴雨、融雪等极端天气，使得河流水位急剧上升。水工隧洞通过将洪水引导到地下通道，有效减轻了河流的水位压力，避免了洪水过度溢出，减少洪水对沿岸地区的侵害。

水工隧洞的建设还有助于减缓洪峰流速，降低洪水的威胁。当河水暴涨形成洪峰时，水工隧洞可以合理调控水的流速，减缓洪水洪峰传播速度。这种控制流速的能力有助于防止洪水过快地冲击沿岸地区，为防洪工程提供了有效的时间窗口，减小了洪水可能带来的灾害性影响。

水工隧洞的防洪功能还表现在能够灵活应对不同的洪水情况。通过合理设计和运用水工隧洞，可以根据洪水的程度和预测信息进行及时调整，更好地适应洪水的发展变化，提高防洪工程的灵活性和效率。

水工隧洞在防洪与防灾方面的作用与重要性凸显。其在迅速转移水流、减缓洪峰流速方面发挥了积极作用，为降低洪水威胁、减轻洪灾影响提供了可靠的技术手段。在气候变化和极端天气频发的背景下，水工隧洞的防洪功能对保障人们的生命财产安全和社会稳定有重要作用。

五、供水与生活用水

水工隧洞在供水与生活用水方面具有显著的作用。通过引水到城市或居民区，水工隧洞成为解决城市用水紧缺和改善水质的关键基础设施，对满足人们的生活用水需求发挥了关键作用。

水工隧洞将水资源输送到城市或居民区，解决了城市用水紧缺的问题。随着人口的增长和经济的发展，城市用水需求逐渐增加，有些城市面临水资源不足的挑战。水工隧洞的建设可以将水从相对丰富的地区引导到城市，确保城市居民有足够的生活用水。这对维护城市的正常运转、促进城市可持续发展有不可或缺的作用。

水工隧洞对改善水质也起到了重要作用。在一些地区,地表水质受到污染,直接利用地表水可能导致供水的水质问题。水工隧洞可以通过引水到地下通道,减少水体受到表层污染的可能,提高供水的水质。这对解决城市水质不佳、保障居民饮水安全具有积极意义。

水工隧洞的建设还可以提高供水的稳定性和可靠性。地下水体相对较为稳定,水工隧洞将水源引入地下通道后,可以减少气象条件和季节变化的影响,确保供水系统更加稳定,降低了供水中断的风险。

综合而言,水工隧洞在供水与生活用水方面的作用是多方面的。通过解决城市用水紧缺、改善水质、提高供水稳定性等,水工隧洞为城市居民提供了可靠的生活用水支持,为城市可持续发展提供了关键保障。其作用不仅在于满足当前需求,同时也为未来城市水资源管理和发展奠定了坚实基础。

六、环境保护

水工隧洞在环境保护方面发挥着重要的作用。通过合理利用水工隧洞,可以降低对地表水资源的过度开发,减轻对自然生态系统的压力,从而有助于保护生态环境。

水工隧洞引水到地下通道,减少了对地表水资源的过度开发。在一些地区,地表水的频繁开发和利用,导致了水资源的过度消耗,水工隧洞的建设将水源引入地下,降低了对地表水的直接需求,减轻了地表水资源的开发压力。这有助于维持地表水生态系统的平衡,减缓水资源枯竭的趋势,对生态环境的长期可持续性具有积极的影响。

传统的水利工程,如水库、引水渠等,常常对河流、湿地等自然生态系统造成破坏。而水工隧洞作为一种地下结构,更为隐蔽,能够在最大程度上减少对自然环境的直接干扰。这有助于保护河流、湖泊等水域生态系统的完整性,维护水生生物的栖息地。

水工隧洞在灾害发生时也有助于环境保护。在地质灾害频发的地区,水工隧洞可以用于排除地下水,减轻地下水压力,减小地质灾害的发生概率,并有助于保护土地、植被等自然资源,减轻灾害对生态系统的影响。

总体来说,水工隧洞在环境保护方面的作用与重要性体现在减缓对地表水资源的过度开发、降低对自然生态系统的直接干扰,以及在灾害防治中的积极作用。通过合理设计和利用水工隧洞,可以更好地平衡人类用水需求与生态系统保护之间的关系,为实现可持续发展目标提供了环保友好的水利工程手段。

七、地质灾害防治

水工隧洞在地质灾害防治方面具有重要作用。在一些地区，地下水位较高是引发地质灾害的重要因素之一。例如，在山区、丘陵地带或土壤多为黏土的地方，由于降雨或其他原因，地下水位上升可能导致滑坡、泥石流等地质灾害的发生。水工隧洞通过引水到地下通道，降低了地下水位，有效排除了过高的地下水，从而减轻了地下水对土体稳定性的不利影响，有助于防范地质灾害的发生。

水工隧洞的建设对减轻地下水压力也具有显著效果。过高的地下水压力可能引发岩层的破裂、土层的沉陷等问题，从而增加地质灾害的风险。水工隧洞通过引水降低了地下水位，减轻了地下水对岩土体的压力，有助于保持地下结构的稳定性，减小地质灾害的发生概率。

水工隧洞还可以在地质灾害发生后提供排水通道，加速地表水的排出，减轻灾害带来的影响。对发生泥石流、滑坡等灾害的地区，水工隧洞可以作为紧急排水通道，及时将积聚的地表水排出，减小灾害的范围和影响。

总体而言，水工隧洞在地质灾害防治中的作用与重要性显而易见。通过排除地下水、减轻地下水压力，水工隧洞为防范滑坡、泥石流等地质灾害提供了一种可行的工程解决方案。其建设有助于保护地区的自然环境和人类居住区，为减少地质灾害对社会、经济和生态环境带来的危害提供了有力支持。

第二章　水利工程隧洞设计研究

第一节　设计方法的类型

水工隧洞的设计方法可分为结构力学设计方法、有限元分析设计方法、施工预期设计方法和功能反馈设计方法。

一、结构力学设计方法

水工隧洞结构力学设计方法是一种基于水工隧洞实际力学相关理论的设计手段，通过充分考虑隧洞的地形地质、水文条件等因素，建立力学分析模型，确保设计的科学性和施工方案的可行性。该方法主要适用于传输水工隧洞、排沙水工隧洞和施工水工隧洞，具有明确的设计目的和清晰的设计思路，可以有效提高施工效率。

在水工隧洞结构力学设计方法中，需要进行充分的地形地质勘查，了解隧洞所处地区的地质情况和地形特征。勘查主要包括岩层的性质、地下水位、地表地貌等方面的信息。通过这些信息的获取，可以为后续的力学分析提供必要的基础。

水工隧洞结构力学设计方法还需要考虑水文条件对隧洞结构的影响。水文条件包括降水量、地下水涌出、水位变化等因素。这些因素可能对隧洞的稳定性和安全性产生重要影响，因此在设计中需要充分考虑这些因素，采取相应的措施来应对可能的水文风险。

在建立力学分析模型时，水工隧洞结构力学设计方法通常采用一些经典的力学理论，如弹性力学、塑性力学等，对隧洞结构的受力情况进行分析。这包括对隧洞内部结构和外部围岩的受力情况进行详细的研究，确保隧洞在各种工况下都能够保持稳定。

设计的关键是明确设计目的，根据不同类型的水工隧洞确定相应的设计要求。例如，传输水工隧洞可能需要考虑流体力学效应，排沙水工隧洞需要考虑泥沙的冲刷作用，而施工水工隧洞则需要考虑施工过程中的变形和支护等因素。通过明确设计目的，可以有针对性地选择合适的力学理论和分析方法，提高设计的准确性和可靠性。

水工隧洞结构力学设计方法的优势在于其设计思路清晰，能够全面考虑各种因素对隧洞结构的影响，确保设计的科学性和实用性。此外，该方法在施工隧洞方案的制订中能够提供有效的指导，帮助工程人员更好地理解和应对各种复杂的力学问题。

在实际应用中，水工隧洞结构力学设计方法需要与相关标准和规范结合，以确保设计的合规性和安全性。《水工隧洞设计规范》(SL 279—2016)作为主要推荐的设计规范，提供了详细的设计要求和规范，为水工隧洞结构的设计提供了重要依据。

总的来说，水工隧洞结构力学设计方法是一种综合考虑地质、水文和力学等多方面的设计手段，通过建立科学的力学分析模型，确保水工隧洞在各种工况下都能够稳定、安全地运行。明确的设计目的和清晰的设计思路使其在传输水工隧洞、排沙水工隧洞和施工水工隧洞等不同类型的工程中得到广泛应用，为水工隧洞的设计和施工提供了有力的支持。

二、有限元分析设计方法

水工隧洞有限元分析设计方法是一种通过有限元分析技术，对水工隧洞的内部和外部因素进行综合分析，以优化设计方案的工程方法。该设计方法通过控制单一变量法，系统地考虑水工隧洞的实际承载情况、围岩稳定性、锚杆的荷载承受能力等因素，提高设计的合理性。在实际应用中，有限元分析设计方法展现了较强的实用性和匹配性，为水工隧洞设计提供了科学、可行的解决方案。

有限元分析设计方法的核心是借助计算机模拟技术，将复杂的水工隧洞结构划分为许多小的有限元素，通过对这些元素的力学行为进行分析，得出整体结构的力学性能。这种方法能够全面、系统地考虑各种因素对隧洞结构的影响，为设计提供更加精确的数据和分析结果。

在水工隧洞有限元分析设计方法中，需要对隧洞结构进行几何建模。通过计算机辅助设计软件，将实际的水工隧洞结构转化为有限元模型，包括隧洞的几何形状、结构参数等，为后续的有限元分析提供基础。

有限元分析设计方法将重点放在水工隧洞的内、外部因素上。内部因素包括隧洞内部的结构构件，如墙体、拱顶等，以及与之相互作用的锚杆等支护结构。外部因素则主要是指围岩的特性、地下水的影响等。通过对这些因素进行综合分析，可以得到水工隧洞在各种工况下的力学行为。

有限元分析设计方法的优势在于它可以模拟各种复杂的工程情况，为设计提供全面、详尽的信息。在水工隧洞设计中，该方法能够考虑隧洞的弹性抗压能力、开挖厚度等关键参数，在设计阶段就能够进行有效的调整，提高隧洞的整体稳定性和安全性。

这种设计方法特别适用于一些施工方案较为清晰的水工隧洞工程。例如，高压水工隧洞及其他重要隧洞，有限元分析方法是主要采用的设计方法之一。这类工程通常涉及复杂的地质和水文条件，有限元分析能够在设计中更加全面地考虑各种因素，为工程的成功实施提供坚实的理论支持。

在水工隧洞有限元分析设计方法的应用中，还需结合实际设计要求和相关规范。依据《水工隧洞设计规范》(SL 279—2016)等标准和规范，确保设计的合规性和安全性。这种综合运用不仅能够满足工程的实际需求，同时也能够保证设计方案的科学性和可行性。

总体而言，水工隧洞有限元分析设计方法是一种高效、全面的设计手段，通过对水工隧洞内、外部因素的深入研究，为设计提供了更为准确和可靠的数据支持。在隧洞工程的设计和施工中，有限元分析方法的应用为工程师提供了有效的工具，确保水工隧洞的建设过程更加安全、科学和高效。

三、施工预期设计方法

水工隧洞施工预期设计方法是一种以施工方案为基础的设计方法，目的是在水工隧洞施工前对工程的施工成本、施工进度、施工质量等进行综合判断和预测。通过这种设计方法，能够确保选择符合工程施工要求的最佳设计方案，提高水工隧洞的施工效率和可行性。在工程预测和判断的过程中，需要特别关注施工现场整体布局的合理性，同时在确定水工隧洞半径等关键参数时，应针对不同工程特点和施工周期的需求，重视支洞和辅洞的设计和施工，以实现工程效益的最大化。

施工预期设计方法的核心是综合考虑工程的多个方面，包括成本、进度和质量等。通过对这些方面进行全面的评估，可以在施工前就预测到潜在的问题，并采取相应的措施，确保施工过程的顺利进行。在水工隧洞施工中，特别是考虑到隧洞结构的复杂性和地质条件的不确定性，施工预期设计方法显得尤为重要。

在工程预测和判断过程中，施工现场整体布局的合理性是关键。合理的布局能够最大程度地优化施工流程，提高施工效率，减少不必要的资源浪费。例如，合理规划设备摆放位置、临时工程场地的设置等，可以最大限度地减小施工过程中的阻力和干扰，确保施工进度的稳定。

在确定水工隧洞半径的过程中，需要根据具体的工程需求和地质条件进行科学合理的设计。对一些施工周期较长的工程，特别需要关注旋转半径的控制。旋转半径是指盾构机在进行掘进时的曲率半径，合理的旋转半径设计对掘进的稳定性和施工效率具有重要影响。因此，在设计中需要充分考虑地层的力学性质、地质情况等因素，确保在复杂地质条件下盾构机的运行稳定，从而保证整个水工隧洞施工的顺利进行。

此外，在一些工程中，支洞和辅洞的设计和施工也显得尤为重要。支洞和辅洞在水工隧洞的施工中扮演着关键的角色，不仅具有通风、排水等功能，还可以在隧洞掘进过程中提供支护作用。因此，在施工预期设计方法中，需要综合考虑支洞和辅洞的位置、数量和尺寸等因素，确保它们的设计与施工能够有效配合主体工程，最终实现整个水工隧洞工程的效益最大化。

总体而言，水工隧洞施工预期设计方法通过综合考虑工程的多个方面，包括施工成本、施工进度、施工质量等，为施工前的决策提供科学的依据。在这个过程中，要关注施工现场整体布局的合理性、水工隧洞半径的设计、支洞和辅洞的设计等关键问题，确保设计方案的可行性和施工效率。通过这种设计方法，可以在施工前充分预测和规避潜在问题，确保水工隧洞施工的顺利进行，达到经济、安全和环保的综合目的。

四、功能反馈设计方法

功能反馈设计方法是一种通过先进的监测技术与设备，不断优化和调整水工隧洞功能要求的设计手段。与传统的水工隧洞设计方法相比，功能反馈设计方法注重在施工过程中对工程状态进行实时监测和反馈，通过获得的实测数据对设计方案进行动态调整。这种方法能够在工程后期提高设计方案的科学性，减少施工质量问题的发生，拓宽水工隧洞工程设计方法的选择范围，有效提高设计效率。

功能反馈设计方法的核心在于利用先进的监测技术和设备，对水工隧洞的各项功能进行实时监测。它包括对结构的变形、地质条件的变化、水文情况等多方面的监测。通过实时获取这些数据，设计团队可以更加全面地了解工程的实际状况，及时发现潜在问题，为后续的设计和施工提供有力的数据支持。

在水工隧洞设计中，传统的设计方法通常是建立在对施工状况具有系统性认知的基础上。而功能反馈设计方法则在此基础上引入了实时监测和反馈的环节,让设计团队可以根据实际情况不断进行调整和优化,使设计更加贴近实际工程需求,提高了设计的科学性和实用性。

特别值得注意的是,在水工隧洞工程中,设计方案的科学性直接关系到后期施工的质量和安全。通过功能反馈设计方法,设计团队能够及时获得实际数据,不仅可以发现设计方案中可能存在的问题,还可以在施工过程中对方案进行灵活调整。这对提高工程的安全性、稳定性和可控性都具有重要意义。

另外,功能反馈设计方法的应用扩大了水工隧洞设计方法的选择范围。传统设计方法通常需要事先考虑各种可能的情况,而功能反馈设计方法则更加灵活,能够根据实际情况进行动态调整。这使得设计团队可以更灵活地应对复杂多变的地质和水文条件,提高设计的适应性和可靠性。

总的来说,水工隧洞功能反馈设计方法通过引入先进的监测技术,使设计团队能够实时获取工程状态数据,根据实际情况不断对设计方案进行调整和优化。这种方法在提高设计的科学性、减少施工质量问题、拓宽设计选择范围等方面都具有显著的优势;在水工隧洞工程中应用有助于提高设计效率,确保工程的安全性和可持续性,为水工隧洞的设计与施工提供更为可靠的支持。

第二节　设计方法选择依据

一、水工隧洞抗裂指标的要求

在水工隧洞设计中,抗裂指标的要求至关重要。这一方面涉及水工隧洞的结构稳定性,另一方面也关系工程的长期可持续性和安全性。因此,在选择设计方法时,必须考虑水工隧洞抗裂性能的需求,确保工程在使用过程中不会因裂缝而导致问题出现。

抗裂性能是水工隧洞设计中非常重要的一个指标,它主要考虑的是隧洞结构在各种外力和内部因素作用下的变形和裂缝情况。抗裂性能直接关系水工隧洞的使用寿命和稳定性,因此在设计阶段就需要对抗裂性能进行仔细考虑和严格要求。

在水工隧洞设计中,堆砌式和预压式是两种常见的施工方式。在堆砌式水工隧洞的设计中,通常会应用钢筋混凝土,这是因为钢筋混凝土具有较好的抗裂性能。然而,由于钢筋水泥材料的特殊性,它对热膨胀系数的敏感性较高,容易在温度变化等外界因素的影响下发生开裂。因此,在设计中必须精确计算钢筋水泥材料的热膨胀系数,以便更好地预测和控制可能出现的裂缝。

除了热膨胀系数,设计中还需要强调水工隧洞与地理环境和地质组分的匹配。不同地质条件和环境因素可能对隧洞结构产生不同的影响,如地下水位、地层变化等。因此,在设计中需要充分考虑这些因素,采取相应的防护和加固措施,确保水工隧洞在不同环境下都能够保持稳定,不易发生裂缝。

预压式水工隧洞预压技术的应用,可以有效提高结构的抗裂性能。预压技术是在隧洞结构内施加预先设计的压力,使结构在正常使用的情况下能够更好地抵抗外部荷载和变形,从而减少裂缝的产生。这种设计方法通常适用于对抗裂性能有更高要求的水工隧洞工程,尤其是在复杂地质条件下。

在设计中,灌浆研究也是一项重要的工作。灌浆是一种常见的补强措施,通过在隧洞结构中灌注特定的材料,可以填充裂缝、提升抗裂性能。设计团队需要详细研究不同灌浆材料的性能,选择合适的灌浆方案,确保其与隧洞结构的兼容性,能达到最佳的加固效果。

在实际应用中,水工隧洞设计方法的选择还需结合相关的标准和规范。这些规范中通常包含了对抗裂性能的具体要求和测试方法,为设计提供了明确的指导和标准。

综合而言,水工隧洞设计中抗裂指标的要求至关重要,直接关系工程的安全性和可持续性。在选择设计方法时,要综合考虑不同施工方式的特点,注重对材料性能的认识和计算,充分考虑地质和环境因素的影响,采取合适的加固和防护措施。通过精细的设计和科学的施工,可以确保水工隧洞在使用过程中具有较好的抗裂性能,达到长期安全、稳定运行的目标。

二、水工隧洞的设计与施工方案分析

水工隧洞的设计与施工方案分析是确保工程进度和目标完成的关键步骤。在这一过程中,需要明确设计原则,保持设计方案与实际施工方案的一致性,充分发挥设计的便利和优势。在考虑不同地理环境和结构特点时,要全面考虑影响施工的因素,并结合最先进的设计和技术,确保水工隧洞的功能得到充分发挥。

水工隧洞设计方案的选择要与实际的施工方案保持一致,确保设计与施工的衔接顺畅。设计方案应综合考虑地质条件、水文情况、结构要求等因素,以满足实际施工的需要。同时,设计要符合工程的经济性和可行性,确保在预算内完成工程,提高施工的效益。

在明确设计原则时,需要考虑水工隧洞的结构特点和功能要求。不同类型的水工隧洞,如输水隧洞、排沙隧洞、施工隧洞等,设计原则可能存在一些差异。例如,输水隧洞可能需要更加关注流体力学效应,而排沙隧洞可能需要更加强调泥沙的冲刷作用。设计原则的明确有助于在设计中更有针对性地选择合适的工程方案和技术。

在分析施工方案时,需要全面考虑地理环境对施工的影响。地质条件、地下水位、地表地貌等都可能对隧洞的施工产生重要影响。通过详细的地质勘查和分析,可以更好地了解施工过程中可能遇到的地质问题,从而制订出更科学合理的设计方案。

先进的设计理念和技术是水工隧洞设计方法选择的另一关键因素。随着科技的不断进步,新的设计理念和技术手段不断涌现。在选择设计方法时,要紧跟时代发展,充分利用先进的数值模拟、监测技术、建模方法等,提高设计的准确性和可靠性。例如,有限元分析、三维建模等先进技术的应用可以更好地模拟隧洞结构的受力情况,为设计提供更科学的依据。

此外,施工方案分析还需要考虑施工过程中可能遇到的风险和挑战。例如,在水工隧洞的施工中,可能会面临地层不稳定、水文条件变化等问题。通过对可能的风险进行预测和分析,可以制订相应的风险管理措施,确保施工过程的安全性。

在水工隧洞设计方法选择中,综合上述因素,需要充分考虑工程的实际情况和要求。不同类型的水工隧洞需要采用不同的设计方法,确保最佳的施工效果。设计团队应密切关注工程的具体需求,结合地理环境、结构要求和技术进步,制订出既符合实际,又具备经济性和可行性的设计方案。

在水工隧洞设计方法选择的过程中,需注重实践经验的积累和总结、与实际施工的沟通与协作,及时调整和优化设计方案。通过科学、灵活的设计方法,更好地应对各种复杂的地质和水文条件,提高水工隧洞工程的施工效率和可靠性。

三、水工隧洞检修安全的保障

水工隧洞设计方法的选择必须充分考虑检修和施工的安全性,确保隧洞在使用过程中能够保持稳定、安全、可靠。在这一过程中,预防为主、安全第一是设计和选择的基本原则。同时,要考虑周边环境,并确保检修安全设计与施工理念相互吻合,以提高水工隧洞的整体安全保障水平。

水工隧洞设计方法的选择应以预防为主、安全第一为原则。这意味着在设计和施工的整个过程中,要始终将安全放在首要位置,采取有效的措施预防可能的事故和风险。在设计阶段,应该充分考虑水工隧洞的结构稳定性、地质条件、水文情况等因素，确保设计方案具有较高的安全性。在施工阶段，要制订详细的安全施工计划，确保每一步都符合安全要求，严格执行相关安全规程，预防事故的发生。

在设计和选择时，要充分考虑周边环境的影响。水工隧洞通常处于复杂的地理环境中，可能受到地质条件、水文条件、气象等多方面因素的影响。设计时要对周边环境进行充分的调研和分析，确保设计方案能够应对并适应可能的外界变化，包括对地质勘查的深入研究、对水文条件的综合考虑，以及对气象条件的合理预测。通过对周边环境的全面了解，设计方案才能更具科学性和实用性，从而提高水工隧洞检修和施工的安全性。

在检修安全设计方面，有几个重要的原则需要被特别强调。一是调动工作人员的工作热情。安全工作不仅是一项规定和要求，更是一种责任和义务。通过强调安全的重要性，调动工作人员的工作热情，使他们在工作中能够时刻保持高度的警惕性，提高工作的安全性。二是检修安全设计的原则是能够排除检修人员的顾虑。在检修工作中，工作人员可能会面临一些困难和危险，通过这些原则，可以合理地设计和预防，减少工作人员的顾虑，提高他们的工作积极性和效率。

这些原则不仅在检修阶段有着重要作用，还可以为其他设计奠定良好的基础。在设计中充分考虑检修的安全性，不仅可以确保工程建成后的检修工作更加顺利，还能为其他设计提供有益的启示。例如，考虑到检修的需求，可能会在设计中适当增加通风系统、照明设施等，这也会对整个水工隧洞的设计方案产生积极的影响。

此外，水工隧洞的设计方法需要结合实际情况进行调整，以提高设计方法的普遍性和适用性。不同的水工隧洞可能会面临不同的地质条件、水文情况及使用需求。因此，设计方法需要具有一定的灵活性，能够根据具体情况进行调整和优化。灵活的设计方法，可以更好地满足不同水工隧洞项目的特殊需求，提高设计的适用性和可行性。

在水工隧洞设计方法的选择依据中，检修安全保障是一个至关重要的方面。依据预防为主、安全第一的原则，充分考虑周边环境的影响，调动工作人员的工作热情，排除检修人员的顾虑，可以确保水工隧洞在设计和施工过程中的安全。同时，结合实际情况调整设计方法以提高适用性，有助于保障水工隧洞检修和施工的安全，确保工程的可靠性和长期稳定性。通过科学、灵活的设计方法，可以有效提高水工隧洞工程的安全水平，为工程的顺利实施提供坚实的基础。

第三节　设计方法实际应用的注意事项

一、水工隧洞的构造设计

水工隧洞的构造设计在实际应用中需要考虑多个方面的问题，包括止水结构、排水结构、温度对整体稳定性的影响等。为了确保设计方法的有效应用，需要注意以下方面。

(1)水工隧洞设计方法的应用需要满足在常压下能够无水渗透的要求。因此，在设计过程中，需要对隧洞止水结构进行完善，并使用石英制或铜制的传感器对止水带进行监测。止水结构的有效性对于防止水渗透、维护隧洞结构的稳定至关重要。使用传感器进行监测，可以实时获取止水带的状态，及时发现潜在问题，并采取相应的维护和修复措施，保障水工隧洞的无水渗透性。

(2)在排水结构设计过程中，需要加强对地形、水文和地质数据的分析、使用和计算。这是因为在水工隧洞的实际应用中，地形、水文和地质条件对排水结构的影响非常显著。在洪水期间，如果不充分考虑地形和水文条件，隧洞口可能会出现积水漫洞的情况，导致施工难度增加，甚至可能对隧洞结构造成不利影响。因此，在设计中需要综合考虑这些因素，采用合理的排水结构，确保水工隧洞在各种条件下都能够正常运行。

(3)温度对水工隧洞整体稳定性会造成影响，特别是在缝隙结构设计中更需要考虑这一问题。温度的变化可能引起结构的膨胀和收缩，从而影响隧洞的整体稳定性。在设计过程中，需要结合地质条件、水文条件和隧洞结构等实际情况，选择合适的设计方法来应对这一问题。可能的解决方案包括选择具有较好热膨胀性能的材料、采取适当的隔热措施等。充分考虑温度因素，可以提高水工隧洞的整体稳定性，确保其在各种温度条件下都能够安全运行。

(4)在构造设计的过程中，还需要考虑其他因素，如地质条件的不确定性、水文条件的变化等。地质条件的不确定性可能会导致在施工过程中遇到未知的地质问题，因此在设计时需要留有一定的余地，灵活应对可能的地质情况。水文条件的变化也可能对排水结构产生影响，因此需要在设计中考虑不同水文情况下的排水需求。

此外，水工隧洞的设计方法应结合实际情况进行调整，以提高设计方法的适用性。不同的水工隧洞项目可能会面临不同的地质条件、水文情况及使用需求，因此设计方法应具有一定的灵活性，能够根据具体情况进行调整和优化。灵活的设计方法，可以更好地满足不同水工隧洞项目的特殊需求，提高设计的适用性和可行性。

总体而言，在水工隧洞的构造设计中，要特别注意止水结构、排水结构、温度对整体稳定性的影响等。通过完善止水结构的设计，使用传感器监测止水带的状态；加强对地形、水文和地质的分析，合理设计排水结构；考虑温度对缝隙结构的影响，结合实际情况调整设计方法等可以有效提高水工隧洞的设计质量，确保其在实际应用中具有稳定性和可靠性。在设计方法的应用中，要充分考虑以上注意事项，确保水工隧洞在各种环境条件下都能够安全、有效地运行。

二、水工隧洞的灌浆设计

水工隧洞的灌浆设计在施工中起着至关重要的作用，因为灌浆材料的选择直接关系水工隧洞的稳定和安全。在选择设计方法时，需要根据工程灌浆设计的目的，考虑灌浆方式。在隧洞洞身灌浆的过程中，周围岩石的处理和固结式灌浆隧洞的相关参数控制都是需要重视的方面。水泥浆液是常用的灌浆材料，但在实际工程中，会根据需要添加不同的掺和物质以满足具体的施工要求，如水玻璃、氯化钙、硫酸钠等速凝剂，木质碳酸盐、萘系、聚羧酸类高效减水剂，以及膨润土、高塑性黏土等稳定剂和其他外加剂。

灌浆设计的选择应该结合水工隧洞的实际情况和设计目的。水工隧洞的灌浆设计旨在保证隧洞的稳定性、防水性和强度。在这方面，可以根据工程的具体要求确定灌浆方式，常见的有固结式灌浆和回填式灌浆。固结式灌浆主要通过注浆材料的固结性来增强岩体的稳定性，适用于一些岩体较松散、有裂缝的情况。回填式灌浆则主要通过在隧洞洞身周围注浆，形成一定的填充层，提高隧洞的整体强度和防水性，适用于对隧洞整体结构性能要求较高的情况。选择合适的灌浆方式，有助于提高水工隧洞的施工效果和整体性能。

在固结式灌浆设计中，对周围岩石的处理分析是至关重要的，包括岩体的强度、裂缝分布、水平和垂直地应力等方面参数。通过充分了解周围岩石的情况，可以有针对性地确定灌浆材料和使用方法，保障岩体的稳定性。此外，固结式灌浆设计需要对注浆的参数进行精确控制，如注浆浆液的浓度、流速、注浆压力等。通过合理控制这些参数，可以实现对注浆过程的有效控制，提高固结效果，确保水工隧洞的稳定性。

在工程灌浆过程中，灌浆材料的选择是非常关键的一步。水泥浆液是一种常用的灌浆材料，其主要成分是水泥、水和适量的外加剂。水泥浆液具有较好的硬化性和抗压强度，可以用于提高隧洞的整体强度。根据工程的具体要求，可以在水泥浆液中添加一些掺和物质，以调整其性能。例如，水玻璃、氯化钙、硫酸钠等速凝剂可以加速水泥浆液的凝结，提高施工效率。木质碳酸盐、萘系、聚羧酸类高效减水剂等外加剂则可以改善水泥浆液的流动性和黏度，使其更容易在岩体裂缝中渗透，提高灌浆效果。此外，膨润土和高塑性黏土等稳定剂的添加可以增强灌浆材料的稳定性，防止其在注浆过程中产生沉淀或分层。

需要注意的是，不同的灌浆设计方法和材料选择可能适用于不同的水工隧洞工程。在实际应用中，要根据工程的地质情况、施工要求和设计目的，选择合适的灌浆设计方法和材料，确保水工隧洞的施工效果和整体性能得到优化提升。

总的来说，水工隧洞的灌浆设计在实际应用中需要根据设计目的、地质情况和施工要求等因素进行科学选择。在选择灌浆设计方法时，要注意固结式灌浆和回填式灌浆的区别，并根据周围岩石的处理分析结果来调整参数。在工程灌浆过程中，对水泥浆液可以通过添加不同的掺和物质来满足不同的施工要求。合理的灌浆设计和材料的选择，可以提高水工隧洞的整体稳定性、防水性和强度，确保工程的安全可靠。

三、水工隧洞的结构布置设计

水工隧洞的结构布置设计是水工隧洞设计中至关重要的一环，涉及进出口处、洞身和洞顶的布置，直接影响水工隧洞的传输效率、排沙效率，以及整体运行效果和施工进度。

对于输送水流或泥沙的水工隧洞而言，进出口处的设计至关重要。通常情况下，为了减少上端岩石对洞身造成的压力，进出口的上部和下部分别设计成半圆拱形或矩形。这样的设计有助于分担上部岩石的重力，减轻对洞身的压力，提高洞身的稳定性。输送水流或泥沙的水工隧洞，进出口处的合理设计可以改善水流的通畅性，减少泥沙的积聚，从而提高整体的运行效果。

隧洞洞身的布置设计同样重要，直接影响传输效率和排沙效率。在水工隧洞设计中，要根据工程的实际地质条件，综合考虑隧洞的长度、倾斜度、曲率等因素，采用合适的布置设计。对于长隧洞，适当的倾斜度和曲率可以降低水流阻力，提高传输效率。对于需要排沙功能的水工隧洞，可通过采用适当的曲率和横断面形状，降低泥沙的沉积，保证排沙效率。此外，要充分考虑地质条件，确保隧洞洞身的布置能够适应地层的变化，防止发生不稳定的情况。

在实际应用中,需要对不同的设计方法在水工隧洞工程中的应用进行记录和整理。具体而言,可以明确在同一工程地质条件下,不同设计方法所具备的优势和劣势。这有助于形成经验总结,为今后类似工程的设计提供参考和指导。记录和整理的内容可以包括不同设计方法的工程成本、施工难度、运行效果等方面,以全面评估各种设计方法的适用性。这样的经验总结可以为水工隧洞的设计提供更为科学的依据,使设计更加符合实际需求。

此外,还需要考虑的是工程的整体运行效果和施工进度。合理的结构布置有助于提高水工隧洞的运行效率,减少能耗,降低运行维护成本。在施工阶段,合理的结构布置也可以提高施工效率,减少工程的施工难度。因此,设计方法的选择不仅要考虑结构布置的技术性能,还要综合考虑整体运行效果和施工进度的要求。

总的来说,水工隧洞的结构布置设计是一个复杂而关键的环节,直接影响水工隧洞的传输效率、排沙效率,以及整体运行效果和施工进度。在实际应用中,要根据工程的地质条件,选择合适的设计方法,并进行经验总结,为今后的水工隧洞设计提供科学依据。综合考虑传输效率、排沙效率、施工难度和运行效果等,使水工隧洞的设计更加合理、科学、可行。通过科学的结构布置设计,可以提高水工隧洞的整体性能,确保工程的安全、稳定和高效运行。

第三章　水利工程隧洞施工特点

第一节　地质与水文环境

一、不同地质条件下隧洞施工的挑战

(一)软弱地质条件下的挑战

1. 岩层的不均匀性和复杂性

软弱地质条件下岩层的不均匀性使得隧洞施工难以预测。岩层的不均匀性表现在地质层的不规则变化,可能存在间歇性的软硬层次。这增加了隧洞的开挖难度,使得施工方案的制订和实施变得更加复杂,需要更为灵活的应对策略。

软弱地质条件下的岩层复杂性会直接影响支护措施的选择和实施。软岩容易发生变形和塌方,因此需要采取有效的支护手段,如锚杆、喷锚等。然而,由于软岩层的复杂性,支护设计必须充分考虑地质条件的多样性,确保支护结构能够适应不同地段的岩层状况,提高隧洞的整体稳定性。

2. 地下水的涌入问题

地下水通过岩层裂隙和孔隙进入隧洞,可能使隧洞施工现场遭遇大量涌水,给施工作业带来困扰。

同时地下水涌入会破坏施工隧洞的稳定性并增加支护难度。水的涌入可能会导致软岩层的变形,增加岩层的不稳定性。此外,涌水还可能冲刷地层中的黏土或泥浆,形成泥浆涌入,使施工现场更加泥泞,给隧洞支护结构的施工带来挑战。

在应对地下水涌入问题时,需要进行详尽的地下水勘探和分析工作,全面了解地下水的分布、水位高低和涌水量等关键信息。科学合理的防水设计,包括选择适当的支护结构和防渗材料等,可以减少地下水对施工的干扰。防水屏障的建设也是一种有效的手段,可采用防渗帷幕、注浆等方法,阻止地下水进入隧洞。

施工过程中需加强对地下水位和涌水量的实时监测,及时调整施工方案。

在面对地下水涌入问题时，采取紧急措施（如加强排水、加固支护结构等）最大程度地减小地下水对施工的影响。加强工程团队的技术培训，提高应急处理能力，也是确保施工顺利进行的关键。

3. 地质层的变形和塌方风险

地质层的变形和塌方风险是软弱地质条件下隧洞施工中面临的严重问题，对施工的安全性和隧洞的稳定性构成了直接威胁。软岩层的特性使其容易发生变形，进而可能导致塌方，给整个施工过程带来巨大的挑战。

在软弱地质条件下，岩层的变形性较高。软岩属于一种相对较弱的岩石，其在受力作用下容易发生变形，包括挤压、收缩和膨胀等。这种变形会导致地质层内部的裂隙扩张，岩体发生破碎，从而增加了地层的不稳定性，使塌方的风险明显上升。

在此基础上，受施工活动的影响，塌方风险会随之加剧。在隧洞开挖过程中，挖掘岩层可能导致周围地层的松动和位移，使原本稳定的岩体受到影响。特别是在软弱地质条件下，岩层的稳定性本就较差，施工引起的岩层变形就很容易触发塌方。

为了有效应对地质层的变形和塌方风险，需要进行精准的地质勘探，全面了解软岩层的分布、性质和变形特点。依据这些信息，采用科学合理的支护措施是关键。采用锚杆、喷锚、搅拌桩等支护措施，增强地质层的整体稳定性，可有效防止岩体的变形和塌方。

此外，合理的施工方案也是减缓地质层变形和减小塌方风险的重要因素。通过合理控制施工进度，避免过快的开挖速度，减小施工对地层的冲击，降低地质层变形的可能性。在施工过程中，根据实时的地质监测数据，及时调整施工策略，采取针对性的应急措施，确保施工的持续进行。

（二）坚硬地质条件下的挑战

1. 高抗压强度的挑战

在坚硬地质条件下，面临的首要挑战是高抗压强度的岩石。这种岩石具有较高的抗压强度，使隧洞的开挖工程变得异常复杂。传统的爆破方法在此情境下可能不尽如人意，需要使用更高能量的爆破药剂和更精密的爆破设计，增加了工程的技术难度和成本。机械挖掘设备也可能在面对高抗压强度的岩石时效率降低，从而延长了施工周期。

岩石的高抗压强度意味着其稳定性较好，但同时也要求支护结构必须具备更强的抗力来应对巨大的岩层压力。因此，在坚硬地质条件下，必须选择和设计更为强大和耐久的支护结构，如深层锚杆、高强度的钢筋混凝土衬砌等。

此外,高抗压强度的岩石可能导致岩层的断裂和溃落,从而增加了地下工程的安全风险。岩层的断裂可能引发岩层的不稳定性,甚至导致岩层的崩塌,对施工人员和设备造成威胁。因此,在面对高抗压强度挑战时,工程团队需要采取全面的安全措施,确保施工现场的安全。

2. 岩爆和地质灾害的风险

坚硬地质条件下,岩爆和地质灾害的风险显著增加。岩爆是指在岩石开挖或爆破过程中,由于岩石的突然破裂而产生的爆炸性释放能量的现象。高抗压强度的岩石更容易在开挖过程中积累巨大的应力,当应力达到一定程度时,岩石可能突然破裂,引发岩爆。

岩爆不仅对施工人员的安全构成威胁,还可能损坏施工设备,影响工程进度,并导致支护结构的失效。为应对这一挑战,需要采取一系列的安全措施,包括定期进行岩体的监测、合理设置爆破参数、采用精准的爆破技术等,以最大程度地减少岩爆的发生概率。

同时,坚硬地质条件下的地质灾害风险也不可忽视。地质灾害如滑坡、崩塌等可能受岩石断裂、地下水渗透等多种因素的共同影响。因此,在施工前期需进行详尽的地质勘探,制订科学的地质灾害防治方案,减小地质灾害对隧洞工程的影响。

3. 高硬度岩体的开挖难度

高硬度岩体的开挖是坚硬地质条件下隧洞施工的另一大挑战。高硬度的岩体通常需要更强大、更耐磨的机械设备进行开挖。传统的挖掘机可能难以在高硬度岩体中取得理想的效果,因此需要使用硬岩刀具、岩钻等专业设备。

高硬度岩体的开挖还可能引起设备的磨损和损坏,增加了维护和更换设备的成本。为应对这一挑战,需在施工前期充分评估地质条件,选择适应高硬度岩体开挖的机械设备,并实施有效的设备维护计划,确保施工的顺利进行。

总体而言,坚硬地质条件下的隧洞施工面临高抗压强度、岩爆和地质灾害,以及高硬度岩体开挖难度大的挑战。通过采用高效的技术手段、科学的施工规划和全面的安全措施,可以有效应对这些挑战,确保隧洞工程的顺利进行。

(三)地质条件变化性挑战

1. 地质构造变动引起的地质条件变化

地质构造是指在地球的内、外应力作用下,岩层或岩体发生变形或位移而遗留下来的形态。这些地质构造的变动可能导致地下岩体性质的变化,进而对隧洞的施工产生影响。例如,在断裂带内,岩层可能呈现不规则的变化,包括折叠、断层和岩性转变等。这种地质构造引起的地质条件变化对隧洞的稳定性和支护设计提出了更高的要求。

面对地质构造引起的地质条件变化,施工方需要通过详尽的地质勘探、地质实时监测和定期的地质变更评估来了解地质条件的演变。在施工过程中,需要不断调整支护方案,采用适应性强的支护结构,确保隧洞在变化的地质条件下仍能够安全稳定地运行。

2. *施工方案的灵活性*

由于地质条件的不确定性,施工方案的灵活性成为隧洞工程施工中的关键因素。一旦地质条件发生变化,可能需要及时调整施工方案以适应新的情况。例如,在遇到断层或折叠带时,可能需要改变开挖方式或加强支护结构。

灵活性要求施工团队具备快速响应的能力,需要制订详细的变更管理计划,确保施工人员能够迅速适应地质条件的变化。变更管理计划包括实时更新施工计划、调整工程进度、重新评估支护结构,以及及时与相关部门协商和沟通。在灵活性方面,现代技术如人工智能和数据分析,也能够为施工方提供更为精准和迅速的决策支持。

综上所述,地质条件变化对隧洞工程施工有巨大的挑战。面对这一挑战,施工方需要通过全面的地质勘探、实时监测、变更管理计划等手段来应对,同时在施工方案的制订上注重灵活性,确保隧洞工程能够在不断变化的地质条件下安全、稳定地推进。

二、水文环境对隧洞工程的影响

水文环境在隧洞工程中起着至关重要的作用,直接关系隧洞的设计、施工和运营。水文环境的复杂性和变化给隧洞工程带来了一系列挑战,需要科学的分析和综合的处理。

(一)地下水对隧洞的渗透问题

地下水是水文环境中一个至关重要的要素,其渗透问题对隧洞具有直接的影响。地下水位的波动、水文循环等因素可能导致水渗透到隧洞中,增加了隧洞的不稳定性和支护难度。特别是在软弱地质条件下,地下水的渗透可能导致地层和隧洞结构的损坏。

为应对地下水的渗透问题,施工团队需要在隧洞设计中充分考虑地下水的水位、流向等因素,采取合适的防水措施,如合理设置排水系统、使用防水涂料和材料等,确保隧洞内部的干燥稳定。

（二）洪水期隧洞工程的挑战

水文环境中的洪水期给隧洞工程带来了额外的挑战。在洪水期间，地下水位上升，隧洞的进出口可能会出现积水和漫洞的情况，影响工程的正常进行。洪水期的涌水压力和水流速度的增加也对隧洞的结构安全提出了更高的要求。

为解决洪水期的挑战，需要在隧洞设计中考虑洪水位的高度、水流速度、洪水期间的排水能力等因素。要合理设置进出口的高度和位置，配置强大的排水系统，以减小洪水对隧洞工程的影响。

（三）地质构造对隧洞工程的影响

地质构造的不同可能导致水文环境的复杂性和变化。例如，在断裂带或折叠带附近，地下水可能呈现不规则的分布，给隧洞的施工和支护带来了更高的难度。地下河流、岩溶洞等地质构造也可能对水文环境产生影响。

施工方在面对地质构造引起的水文环境变化时，需要通过详尽的地质勘探、地质实时监测和灵活的变更管理计划来适应这些变化。同时，采用先进的地质勘测技术和水文模型，可以更准确地预测和应对水文环境的变化。

综上所述，水文环境对隧洞工程的影响不可忽视。通过科学的水文分析、合理的设计和灵活的施工方案，可以更好地适应水文环境的复杂性和变化，确保隧洞工程的安全、稳定和高效进行。

第二节　工程规模与复杂性

一、大型水利工程隧洞的特殊性

（一）大型水利工程的特点

1. 工程规模的界定

大型水利工程的界定主要基于其庞大的工程规模。这一规模的界定通常不仅涉及工程规模的大小，还关乎其对水资源的利用程度、对地质及水文环境的影响，以及对经济社会的重大贡献。具体来说，大型水利工程往往包括但不限于大坝、水库、输水隧洞、引水渠等，这些工程在规模上远远超过一般水利工程，需要更为庞大的投资和更为复杂的设计与施工。

在大型水利工程中，工程规模的界定不仅考虑项目的线性尺度，还需要综合考虑工程涉及的流域面积、水利设施的数量与容量、对地质构造的改变，以及工程的总体复杂性。大型水利工程往往是综合性的水资源利用与管理工程，因此其规模的定义需更加全面与深入。

2. 大型水利工程的特殊工程要求

大型水利工程所具有的特殊工程要求使其在设计、施工、运行维护等方面与一般水利工程存在显著差异。

（1）大型水利工程通常需要处理更为复杂的地质条件。由于其规模庞大，涉及的地理区域较广，地质条件的多样性和不确定性明显增加，因此在大型水利工程中，地质勘探与地质分析显得尤为重要，应准确评估工程地质风险，为后续的设计和施工提供科学依据。

（2）大型水利工程的建设可能涉及生态环境的保护和恢复问题。由于工程所在地可能是一些生态脆弱区域，工程建设给当地的生态系统可能带来一系列的冲击。因此，在大型水利工程设计阶段需要充分考虑生态环境的影响，制订相应的生态保护方案，并在施工与运行维护过程中严格执行，以最大限度地保护当地生态平衡。

（3）大型水利工程要求更为高效的管理和运营手段。因庞大的规模和对水资源的广泛利用，大型水利工程在管理上需要高度的科技支持。信息化技术、自动化控制系统、远程监测等现代管理手段在大型水利工程中得到广泛应用，确保工程的安全、稳定、高效运行。

（二）高水头、高压力条件下的设计挑战

1. 高水头对隧洞结构的影响

在大型水利工程中，高水头是指水体从高处流动到低处的垂直距离，也就是水的下降高度。这样的高水头带来了一系列对隧洞结构的影响，需要在设计阶段进行全面考虑。

（1）高水头可能引发水流的高速流动，增加了水流的动能。这种高速流动的水流可能对隧洞内的结构表面产生冲刷和侵蚀，加速洞壁的磨损。因此，在设计隧洞结构时，需要考虑增加洞壁的耐磨性，采用耐蚀材料或进行特殊处理，延长隧洞结构的使用寿命。

（2）高水头可能导致水流中挟带的颗粒物增多，增加了颗粒物对隧洞结构的冲击力。这对隧洞的洞壁、顶板等结构部位造成了额外的压力和磨损。因此，在设计时需要采取适当的结构强化措施，确保隧洞结构的稳定性。

（3）高水头还可能引起水流的空化现象，即水体在高速流动中产生气泡，形成水冲击。这种水冲击会对隧洞结构产生严重的冲击和振动，使结构材料产生疲劳损伤。因此，设计时需要考虑减小水冲击，采取缓冲措施，保护结构的完整性。

2. 高压力环境下的隧洞施工难点

在隧洞施工中,特别是在高水头和高压力条件下,施工面临的难点明显增加。高水头带来的水压力增大,使隧洞施工面临挑战。

在隧洞的掘进和开挖过程中,水压会对隧洞的进尺和施工速度造成制约。高水压环境下,掘进机械和切削设备不仅需要更强的抗水压能力,而且需要更为复杂的水力平衡系统来确保工程的安全进行。

高水压环境下,地层的稳定性受到更大的威胁。水压增大会引发地层的变形和破裂,对隧洞结构的稳定性产生直接影响。因此,在施工中需要采取适当的地层加固和支护措施,确保隧洞施工的安全。

高水压环境下,水中泥沙的悬移和沉积问题也会增加。这可能导致隧洞内部积水,增大施工面的阻力,影响施工机械的运行。因此,在施工计划中需要考虑有效的排水和泥沙控制措施,保障施工的正常进行。

(三)大流量水工隧洞的水动力学效应

1. 水流对隧洞结构的冲刷与侵蚀

在大流量水工隧洞中,水流的冲刷和侵蚀作用是不可忽视的,这对隧洞结构的稳定性和耐久性提出了极高的要求。水流通过隧洞时,其流速和水位的变化会对隧洞结构表面造成冲刷,尤其是在弯曲或转折段,水流更容易对结构表面造成侵蚀。

水流的冲刷会导致隧洞内壁表面的材料(特别是某些脆弱的岩石或混凝土材料)逐渐被剥蚀,进而影响结构的稳定性。因此,在设计水工隧洞时,需要选择具有较好抗冲刷性能的结构材料,并在必要的位置采取额外的冲刷保护措施,如添加防冲刷涂层或设置冲刷护板等。

水流对隧洞结构的侵蚀作用主要体现在流体的局部湍流效应。在弯曲或转折段,水流速度可能增大,形成涡流,导致水流对结构表面产生旋涡式侵蚀。这种侵蚀会逐渐减小结构的厚度,降低结构的承载能力。因此,在设计隧洞结构时,需要通过合理的流线设计和表面光滑处理来减小侵蚀的影响,提高结构的抗侵蚀性。

2. 水动力学效应下的隧洞稳定性分析

水动力学效应在大流量水工隧洞的稳定性分析中具有重要意义。水流通过隧洞时,其流速、流向和水位的变化会对隧洞结构产生复杂的水动力学效应,可能引发以下问题。

(1)水流对隧洞内部结构的压力分布不均匀,可能导致结构的不稳定。在设计水工隧洞时,需要进行流场数值模拟和水力学模型试验,深入了解水流在隧洞内部的流动规律,从而合理设计结构,使其能够承受不均匀的水动力作用。

(2)水流通过隧洞时会产生压力脉动,这对隧洞结构的疲劳性能提出了挑战。在水动力学效应下的隧洞稳定性分析中,需要考虑流体与结构之间的相互作用,特别是在大流量条件下,结构的振动与水流的共振效应可能引发严重的疲劳损伤。因此,在设计阶段需要采取适当的结构强化措施和防振措施,确保结构的安全稳定运行。

二、多通道、复杂隧洞结构的管理考量

(一)多通道设计的挑战

1.不同通道之间水动力学效应的协同管理

1)水流交互对隧洞结构稳定性的影响

在水工隧洞设计中,尤其是多通道的设计中,通道之间水动力学效应的协同管理至关重要。水流在不同通道之间的交互作用对隧洞结构稳定性产生直接的影响,需要在设计和施工中进行深入研究与管理。

一般来说,通道之间的水流交互会引起水流的剧烈波动,对结构表面造成的压力和冲击会随之增大。在多通道设计中,相邻通道之间的水流交互会形成复杂的流场,增大水流对结构的冲刷和侵蚀作用。在设计时,需要通过数值模拟和试验研究,全面了解水流在不同通道间的流动规律,选择合适的结构材料和冲刷保护措施,确保隧洞结构的耐久性和稳定性。

此外,通道之间的水流交互还可能导致局部水动力学效应的突发性变化,如涡流、旋涡等现象。这些变化可能导致水流对隧洞结构表面形成较大的水压,对结构稳定性产生威胁。在设计中,需要特别关注通道交会处的水动力学复杂性,通过合理的几何配置和横截面设计来减小通道交会处水流的湍流效应,减缓水动力学效应对结构的冲击。

2)多通道交会处的水动力学复杂性分析

多通道交会处是水工隧洞设计中的关键区域,其水动力学复杂性需要充分分析和管理。在这个区域,通道之间的水流会发生交汇、合流、分流等现象,形成复杂的水流动态。对多通道交会处的水动力学复杂性详细分析包括以下方面。

(1)需要考虑多通道交会处的水流速度和流量分布。不同通道的水流在

交汇处可能产生变化，形成复杂的流场。通过数值模拟和试验研究，可以获取不同水流条件下的流速、流量等参数，为结构设计提供具体数据支持。

（2）对多通道交会处的水压分布进行分析。水流在通道交会处会引起水压的变化，可能形成局部高水压区域。通过水力学模型的建立和数值计算，可以了解水压的分布情况，为结构设计提供水力学效应下的压力分布信息。

（3）需要关注通道交会处可能发生的湍流和涡流现象。湍流会导致水流能量的增大，对隧洞结构表面产生较大的冲刷和侵蚀作用。涡流可能导致局部水压的不稳定，增大水动力学效应对结构的冲击。通过对湍流和涡流的数值模拟和试验研究，可以详细了解通道交会处的湍流强度和涡流形成情况。

2. 多通道结构施工难度的增加

1）施工进度受限的问题

多通道水工隧洞的设计和施工面临的挑战之一是施工进度受到限制。相比单一通道的隧洞工程，多通道结构需要面对更为复杂的地质条件和结构要求，在很大程度上拉长了施工周期。

由于项目复杂，多通道结构的设计需要更多的时间和精力。首先，为了确保通道之间水动力学效应的协同管理，设计人员需要深入分析复杂的水流条件，进行数值模拟和试验研究，以制订科学合理的结构设计方案。这个设计阶段相对较长，对施工进度产生了直接的制约。

其次，施工前期的勘查和准备工作也变得更为烦琐。多通道结构通常需要更加详细和全面的地质勘查，以获取各个通道的地质特征和条件。这些信息对于制订施工方案和选择支护措施至关重要，但也需要耗费较多的时间和资源。

解决施工进度受限问题的关键在于加强前期的设计和准备工作，确保在进入施工阶段前对地质和结构有足够深入的了解。采用先进的勘查技术和数据处理方法，提高勘查的准确性和效率，有助于为后续施工提供更有力的支持。

2）多通道结构下的支护和加固策略

在多通道结构的水工隧洞施工中，支护和加固策略显得尤为重要。不同通道的结构特征和地质条件差异较大，需要采取差异化的支护和加固措施，确保整体结构的稳定和安全。

不同通道地质条件存在的差异性，要求施工人员提前制订差异化的支护方案。一些通道可能面临软弱地质条件，需要采取更为严密的支护措施，如锚杆、喷锚等。而对于一些坚硬地质条件的通道,可以考虑采用爆破等方式,以保证施工的顺利进行。

多通道结构中通道之间也可能存在相互影响。例如,施工过程中一个通道的开挖可能对相邻通道的地质稳定性产生影响,因此需要采取相应的支护措施,避免施工过程中的相互干扰。

综上所述,多通道结构施工难度的增加主要体现在施工进度受限和支护加固策略的复杂性上。通过科学的前期设计和详尽的勘查工作,以及差异化的支护策略,可以有效应对这些挑战,确保多通道水工隧洞的安全、稳定和高效施工。

(二)复杂隧道结构的管理

1. 复杂地层条件下的设计挑战

1)地质构造引起的地质条件变化

在水工隧洞设计中,复杂地层条件是设计师面临的一项严峻挑战。地质构造引起的地质条件变化是其中的一个主要因素,需要在设计过程中加以理解和合理处理。

地质构造如断裂、褶皱等会引起地层的不均匀性,不同区域的地层条件可能存在显著的差异。设计师需要针对不同地质条件采用差异化的设计方案,以确保隧洞结构在复杂地层中能够保持稳定。

地质构造变化还会导致地层发生断层、滑坡等地质现象,从而改变地下水流动路径和水位。设计师需要充分了解这些地质条件变化对水工隧洞结构安全的影响,并采取相应的水文调控措施。

2)复杂地层对隧洞结构稳定性的影响

复杂地层对水工隧洞结构稳定性的影响主要体现在以下几个方面。

(1)复杂地层可能导致地下水位的不稳定,增加了隧洞结构对水文环境的适应难度。地下水的涌出或渗入可能导致隧洞结构变形、渗漏等问题,需要在设计中加以合理预测和处理。

(2)地质条件的不均匀性和复杂性会直接影响到围岩的力学性质。在设计过程中,需要对不同地质条件下的围岩进行力学分析,制订合适的支护和加固方案,确保隧洞结构的稳定性。

(3)地质条件变化可能引起隧洞的沉降和变形。不同地层的变形特征各异,因此在设计中需要充分考虑这些因素,通过灵活的设计手段来减小隧洞结构变形对施工和运营的影响。

2. 隧洞结构施工中的技术难题

1)复杂隧洞结构的开挖难度分析

复杂隧洞结构的开挖难度极大,是水工隧洞施工中一个极具挑战性的技术问题。这种复杂性可能来源于地质条件的多样性、隧洞形状的复杂性,以及结构设计的特殊要求。

地质条件的多样性使不同部位的隧洞在开挖过程中面临不同的挑战。在软弱地质条件下,可能会遇到岩层不稳定、泥石流等问题,需要采取相应的支护和加固措施。而在坚硬地质条件下,岩石的高抗压强度可能会增加开挖的难度,常常需要使用爆破等技术手段。

复杂隧洞结构的设计要求通常更高,可能包括复杂的几何形状、交叉通道、斜井等。这增加了开挖难度,需要更高级别的施工设备和技术手段。例如,在设计上减小结构断面的曲率,可以降低掘进时的岩土应力,但也增加了隧洞开挖的技术难度。

解决复杂隧洞结构开挖难题的关键在于采用先进的施工技术和设备。先进的隧洞掘进机、精密的导向系统,以及高效的支护技术都能在一定程度上克服地质条件和结构带来的难题。在软弱地质条件下,可以采用液压支撑、注浆加固等手段。而在坚硬地质条件下,采用爆破技术和先进的岩石切削设备则是有效的解决方案。

2)隧洞结构材料选择与复杂结构的适应性

在水工隧洞的结构施工中,结构材料的选择和复杂结构的适应性是另一项技术难题。复杂结构包括大跨度隧道、特殊形状的结构、多通道结构等,这些对结构材料和施工工艺都提出了更高的要求。

水工隧洞施工过程中,结构材料的选择需要考虑多方面因素,包括材料的强度、耐久性、适应性等方面。大跨度隧洞可能需要高强度的材料来支持结构的稳定性,而在多通道结构中,对材料的耐久性和适应性也提出了更高的要求,以应对复杂多变的地质条件。

对一些复杂结构,施工还需要考虑工艺的灵活性和适应性。在多通道结构中,需要采用分段施工的方式,施工过程中对结构材料和工艺的适应性有较高要求。而特殊形状的结构需要采用特殊的施工工艺,如模板搭建、激光测量等。

解决隧洞结构材料选择和复杂结构的适应性问题的关键在于深入的前期设计和充分的施工准备。在设计中，需要根据复杂结构的特点选择合适的结构材料，并在施工前进行充分的材料测试和工艺试验，确保选择的材料和工艺符合实际需要。

3.复杂结构的监测与维护

1)结构监测系统的建设与应用

在水工隧洞复杂结构的施工和运营阶段，建设和应用高效的结构监测系统是确保结构安全的重要环节。这个系统不仅可以帮助监测结构的变化和性能，还可以为定期维护提供科学依据。

结构监测系统可以具备多种监测手段，如位移监测、应力监测、温度监测等。对大跨度、多通道等复杂结构，这些监测手段可以帮助工程人员全面掌握结构的运行状况。位移监测可以及时发现结构的变形情况，应力监测可以了解结构所受外部力的情况，而温度监测则有助于分析结构的热膨胀和收缩情况。

监测系统还可以具备实时监测和远程传输的功能。通过现代通信技术，监测数据可以远程传输到监测中心，工程人员可以随时获取结构的运行数据。这样的实时监测系统能够让工程人员在结构发生异常时迅速作出反应，保障结构的安全运行。

2)复杂结构的定期检修与维护策略

定期检修与维护是保障水工隧洞复杂结构长期稳定运行的重要手段。这涉及工程人员在运营过程中对结构进行的全面检查、评估和维护。

完成定期检修需要建立完善的检修计划和程序。在计划中，要明确检修的周期、范围和方法。对不同类型的复杂结构，检修的要求可能有所不同。例如，大跨度结构可能需要更频繁地检修，而多通道结构需要将更多的注意力放在通道交会处和连接点上。

检修需要采用全面的检查手段，包括结构外观的检查、材料的力学性质检测、监测系统数据的分析等。通过这些手段，可以全面了解结构的状态，及时发现潜在问题，并制订相应的维护方案。

维护策略需要根据检修结果制订。对于一些小的问题，可以通过局部维护的措施解决；而对于一些较大的问题，需要采取更严格的维护措施，如更换受损部位、加固结构等。在制订维护策略时，要综合考虑经济性、可行性和实际效果，确保维护工作的高效性和经济性。

第三节　施工周期与进度控制

一、长周期工程对施工进度管理的挑战

（一）长周期工程的定义与特点

1. 长周期工程的时间界定

长周期工程是指在工程生命周期中，从规划、设计、施工到运营和维护等各个阶段所需的时间相对较长的工程项目。时间界定上，一般指工程周期超过一定标准的工程，这个标准根据不同行业和工程类型的特点而有所不同。在水工隧洞建设中，由于复杂的地质条件、大规模的结构设计和施工，往往需要数年甚至更长的时间来完成整个工程。

2. 长周期工程的复杂性与不确定性

长周期工程的复杂性主要体现在多个方面。一是由于施工周期较长，工程项目可能会受到多种外部因素的影响，如经济变化、法规政策调整、技术进步等，这些因素都会造成工程调整和变更，增加了工程的不确定性。二是长周期工程往往需要跨越多个阶段，包括前期的可行性研究、设计、施工、运营等，每个阶段都涉及不同的专业知识和技术要求，需要多方面的协同合作。三是长周期工程在整个周期内可能会涉及多方面的利益相关方，包括政府、企业、社会公众等，这就需要更复杂的管理和沟通机制。

长周期工程的不确定性主要表现在几个方面。①长周期工程的工程量和施工条件通常较为庞大和复杂，很难事先准确估算。地质、水文等自然条件的不确定性也较大，会对工程的实际进度产生重要影响。②长周期工程可能会受到市场需求和经济环境变化的影响，使项目的收益预测和投资回报难以确定。③长周期工程可能会受到技术和管理水平变化的影响，这对整个工程的质量和安全提出了更高的要求。

（二）施工进度管理策略

1. 合理的工期规划与调整

施工进度管理是长周期工程中至关重要的一环，而合理的工期规划是确保施工进度的有效手段。在水工隧洞建设中，由于地质条件的不确定性和工程的复杂性，工期规划需要充分考虑各种因素，制订出科学合理的时间计划。施工前期要通过详细的前期调查和勘查，充分了解地质、水文等自然条件，基于这些信息进行工期的初步估算。需要编制灵活的工期计划，包括合理的施

工里程碑、阶段性目标等，以便在实际施工中进行及时调整。在工期规划中，还要充分考虑风险因素，制订相应的应对措施，确保项目在不同情况下都能够有针对性地进行调整，提高施工进度的可控性和稳定性。

2. 先进技术与设备的应用

施工进度管理的另一个关键策略是采用先进的技术和设备，提高工程施工的效率和质量。在水工隧洞建设中，先进的隧道掘进技术、测量技术、监测技术等都可以用于提高施工的精度和速度。例如，采用先进的隧道掘进机械可以更快速地完成岩石开挖工作，缩短施工周期。先进的测量技术可以实时监测工程进度，及时发现和解决问题，确保施工的顺利进行。此外，信息化技术的应用也是提高施工管理水平的有效手段，通过建立数字化的施工信息系统，实现工程数据的实时共享和分析，有助于更好地进行施工进度的管理和调整。

3. 地质勘探与信息更新的实时性

在施工进度管理中，地质勘探和信息更新的实时性至关重要。由于地质条件的不确定性，及时获取和更新地质信息对于调整施工进度至关重要。在水工隧洞建设中，地质勘探需要采用先进的技术手段，包括地质雷达、地质勘探钻机等，以提高勘探的准确性。同时，信息更新也需要具备实时性，确保施工过程中能够随时获取最新的地质信息，为调整施工进度提供科学依据。通过地质勘探和信息实时更新，可以更好地预测地质条件的变化，及时调整施工方案，降低施工风险，确保工程进度的可控性。

二、阶段性目标的设定与实现

（一）阶段性目标的设定原则

1. 阶段性目标的合理分解与划分

在长周期工程的施工过程中，阶段性目标的设定是为了更好地实现整体工程目标，并使项目管理更具可操作性。合理分解与划分阶段性目标是确保工程有序推进、逐步完成的关键。在水工隧洞建设中，这涉及对整个工程各个阶段的深入理解和详细规划。

阶段性目标需要根据整个工程的工期计划进行合理的分解。这就要求在规划初期，项目管理者充分了解每个阶段的任务、要求及可能遇到的挑战。将整个工程按照时间、空间和任务等因素进行划分，确保每个阶段都具备相对独立性和可操作性。这有助于实现目标的有序完成，降低项目整体风险。

阶段性目标的分解需要考虑各个阶段之间的关联性。即使每个阶段看似独立,但在实际工程中它们也可能存在一定的依赖关系。因此,分解阶段性目标时,需要充分考虑不同阶段之间的信息、资源、技术等方面的交互作用。这有助于优化整个工程的流程,确保每个阶段的目标能够顺利过渡和衔接。

2. 目标的可测性与评估标准

设定阶段性目标时,其可测性和明确的评估标准是确保目标能够被客观衡量和验证的关键。这对阶段性目标的透明性和有效性至关重要。

为了达到透明性与有效性的要求,阶段性目标需要能够被量化和测量。这意味着目标本身应该是具体、清晰且可以用具体数据来表达的。以水工隧洞建设为例,一个阶段性目标可以是“完成隧洞掘进工作”,这个目标就很容易通过具体的米数或立方米数来衡量。这种可测性有助于在项目管理中及时发现问题并做出调整。

此外,设定阶段性目标需要制定明确的评估标准。评估标准应当是客观、公正、能够被验证的。在水工隧洞建设中,评估标准包括施工进度、质量合格率、安全指标等。这不仅有助于项目管理者全面了解目标的达成情况,也为进一步调整和改进目标提供了科学依据。

(二)实现阶段性目标的关键因素

1. 项目管理与协同合作

在实现阶段性目标的过程中,项目管理的角色至关重要。项目管理不仅包括工期的规划和进度的监控,还涉及团队的组织、资源的协调,以及信息的沟通。协同合作是项目管理中的一项重要原则,特别是在水工隧洞建设这样复杂的工程中。

项目管理需要建立高效的组织结构,明确团队成员的职责和任务,确保每个人都明白自己的工作重点,达到协同合作的最佳状态。沟通是协同合作的关键,团队成员之间应该建立畅通的沟通渠道,及时分享信息,解决问题。此外,项目管理还需要采用适当的管理工具和方法,如甘特图、里程碑计划等,提高管理的科学性和效率。

2. 资源分配与利用效率

实现阶段性目标的另一个关键因素是资源的合理分配与高效利用。在水工隧洞建设中,资源包括人力、物资、技术、资金等各方面。项目管理者需要对各项资源进行充分的评估,明确每个阶段所需的资源量,合理配置,确保资源的充足。除此之外,项目管理者还需要采用有效的管理手段,提高资源的利用效率。这包括合理安排工作计划,避免资源浪费;优化工程流程,提高生产效益等。

资源分配与利用效率还与团队的培训和技能提升密切相关。项目管理者应确保团队成员具备必要的专业知识和技能，以提高工作效率。同时，定期进行培训，使团队成员了解最新的技术和管理方法，保持团队的创新力和竞争力。

3. 风险评估与应对措施

在水工隧洞建设中，由于复杂的地质条件和工程特点，各种风险难以避免。因此，对风险进行全面评估，并采取相应的应对措施是实现阶段性目标的关键因素之一。项目管理者需要对潜在的风险因素进行深入的分析，了解其可能的影响和发生概率。同时，建立健全风险管理体系，包括明确的风险责任人、风险监测与预警机制等。

在面对风险时，项目管理者需要采取积极的应对措施。这包括调整工期计划、增加安全储备、加强监测与预警、提前准备好应急方案等。在应对风险的过程中，团队的协同合作和资源的灵活调配同样至关重要。只有通过科学的风险管理，项目才能更好地应对变化，保证阶段性目标的实现。

第四节　高风险性与安全管理

一、地质灾害与施工安全的关系

（一）地质灾害的定义与分类

1. 地质灾害的概念界定

地质灾害是由于自然或人为作用，多数情况下是二者共同作用引起的，在地球表层比较强烈地危害人类生命、财产和生存环境的岩、土体或岩、土碎屑及其与水的混合体的移动事件。地质灾害可能来自地震、滑坡、泥石流、地面塌陷等各种地质过程，其特点是瞬间性、突发性和不可预测性。

地质灾害具有多样性和复杂性，其发生往往与地质构造、气候、地表覆盖等多个因素相关。了解和分析不同类型的地质灾害对地质工程的规划、设计和施工至关重要。

2. 常见地质灾害类型

1）地震

地震是由地球内部的地壳运动引起的自然灾害，其造成的破坏性很大。地震引起的地质灾害包括地裂缝、滑坡、岩体崩塌等，这些现象对隧洞工程的设计和建设具有重要影响。

2)滑坡

滑坡是斜坡上岩土体沿着内在的软弱结构面(层)或最大剪应力带产生的剪切破坏,并向斜坡倾斜方向产生较大的水平位移的滑移现象。滑坡对隧洞的开挖和稳定性产生直接影响,尤其在软弱地质条件下,滑坡的发生可能导致严重的工程事故。

3)泥石流

泥石流是指在山区或者其他沟谷深壑,地形险峻的地区,由于暴雨、暴雪或其他自然灾害引发的山体滑坡并挟带有大量泥沙以及石块的特殊洪流。泥石流具有极强的破坏性,对隧洞的进口和出口可能造成淤积和堵塞。

4)地面塌陷

地面塌陷是指在自然或者人为因素影响下,地表岩、土体向下陷落,并在地面形成塌陷坑(土洞),对人类生命财产造成威胁、损失以及对环境造成破坏的一种动力地质现象。地面塌陷对地下隧洞的稳定性和安全性构成潜在威胁,因此在设计和建设过程中需要充分考虑地下水文地质条件,采取相应的支护措施。

(二)地质灾害对隧洞施工的影响

1.岩爆与地质灾害的关联性

岩爆是一种当岩体中积聚的弹性应变能大于岩石破坏所消耗的能量时,破坏了岩体结构的平衡,多余的能量导致岩石爆裂,使岩石碎片从岩体中剥离、崩出的现象。岩爆不仅会对现场施工人员造成威胁,同时也会对隧洞结构产生直接的不利影响。

在隧洞施工中,尤其是在复杂的地质环境下,不均匀的岩层和存在隐患的岩体可能引发岩爆。这种地质灾害不仅对施工进度造成阻碍,而且可能导致隧洞结构的损坏,增加了工程的风险和成本。因此,岩爆发生的可能性需要在设计和施工中引起高度关注。

2.地质灾害对隧洞结构的威胁

地质灾害包括地震、滑坡、泥石流等多种类型,对隧洞结构的威胁不可忽视。

其中,地震可能导致隧洞结构的倾斜、裂缝和坍塌。地震引发的地震波会对隧洞结构施加巨大的压力,导致结构受力不均匀,产生裂缝和倾斜,甚至造成坍塌。

滑坡和泥石流可能引发隧洞的淤积和堵塞。在地质灾害发生时,山体的坡度可能发生变化,导致大量泥石流、碎石等杂物进入隧洞,影响隧洞的正常使用。

地质灾害还可能对隧洞的地基稳定性产生负面影响。地震和其他地质灾害可能导致地下水位的变化,进而影响隧洞的地基稳定性,增加结构的沉降和变形风险。

因此,在水工隧洞的设计和施工过程中,必须充分考虑地质灾害的潜在影响,采取相应的防护和支护措施,确保隧洞结构的稳定和安全。地质勘探、预警系统的建设,以及隧洞结构的合理设计都是应对地质灾害的重要手段。

(三)施工中的地质灾害预防与控制

1. 先进的地质勘探技术

在水工隧洞的施工中,地质灾害的预防和控制是确保工程安全的重要环节。先进的地质勘探技术在施工中起到了至关重要的作用。

先进的地质勘探技术包括地球物理勘探、地球化学勘探、遥感技术等,这些技术的应用能够全面、准确地了解地下岩体的结构、性质、变化等信息。通过高精度的地质勘探,可以更好地预测地下岩体的稳定性,为后续的工程设计提供准确的基础数据。

地质雷达、地震勘探等技术的引入,使地下岩体的探测更加全面和深入。这些技术可以探测到较深层次的地下结构,为深埋地质灾害的早期预警提供了有力支持。通过对岩体的细致分析,可以有效地评估潜在的地质灾害风险,有针对性地采取预防和控制措施。

综合利用这些先进的地质勘探技术,可以在水工隧洞施工前期就全面了解地质环境,提前识别潜在的地质灾害隐患,为后续的施工方案提供科学依据。

2. 预警系统的建设与应用

地质灾害预警系统是在水工隧洞施工中非常重要的一环。建设预警系统,能够实现对潜在地质灾害的实时监测和及时预警,为隧洞施工提供重要的信息支持。

预警系统可以监测地下水位、地下岩体的位移、地质应力等参数。这些监测数据实时传输到指挥中心,使工程管理者能够随时随地了解隧洞周围地质环境的变化情况。一旦发现异常情况,系统能够及时发出预警信号,提醒工程人员采取措施。

预警系统还能结合气象数据,对降水量、地温等因素进行监测,预测可能引发滑坡、泥石流等地质灾害的气象条件。这有助于提前做好防范工作,减轻地质灾害对隧洞结构带来的影响。

(四)地质灾害应急响应与处理

1. 地质灾害应急预案的建立

在水工隧洞施工中,地质灾害应急预案的建立是确保工程安全的关键一环。地质灾害的突发性和不可预测性使得应急预案的建立显得尤为重要。

在地质灾害应急预案中,需要详细说明不同类型地质灾害的触发条件和可能的影响范围。这需要基于前期地质勘探和监测的数据,结合地质灾害的历史发生情况,科学合理地界定不同灾害发生的概率和影响程度。通过全面了解潜在灾害的特点,可以有针对性地提出应对方案。

此外,应急预案应考虑应对不同程度地质灾害的措施。从小规模的局部滑坡到大范围的岩爆,每一类地质灾害都需要相应的处理策略。应急预案中应包含清晰而有效的应急措施,以及相应的人员、设备和物资准备情况。

应急预案还需规定预警信号的发布和传达机制,确保一旦发现潜在地质灾害,可以迅速通知相关人员采取措施。这需要建立健全的监测系统,保证监测数据的实时传输和准确性。

2. 应急措施的实施与效果评估

实施地质灾害应急预案需要高效的组织和协调,需要建立应急指挥中心,负责指挥、协调和监督应急行动。该指挥中心应具备高效的信息处理和传递能力,确保信息的及时准确传达。

应急措施实施时,需要明确责任分工,确保每个执行单位都清楚自己的任务和职责。这需要定期进行应急演练,提高相关人员的应急处置能力。应急演练应包括各种可能的应急情景,保证在实际发生灾害时能够迅速而有序地应对。

在实施应急措施的过程中,需要及时对实施效果进行评估。这包括灾害发生前、发生中和发生后的各个阶段。通过对应急措施的实施效果进行评估,可以总结经验教训,为以后类似情况的处理提供参考。

二、高风险区域的特殊安全管理策略

(一)高风险区域的界定与评估

1. 高风险区域的判定标准

在水工隧洞施工中,高风险区域的界定是为了有效识别可能发生地质灾害或其他安全风险的区域,以便采取相应的管理与控制措施。判定高风险区域需要考虑多个方面的因素。

(1)地质条件。地质条件是判定高风险区域的主要依据之一。软弱地质、岩溶地质、易滑坡地质等对隧洞施工都具有较高的风险。通过对地质勘探结果、地质图和实地调查结果等综合考量,可以判定出高风险的区域。

(2)气候环境。气候环境也是高风险区域判定的重要因素。极端天气、强降雨等气象条件容易引发地质灾害。对历史气象数据的分析和对未来气象情况的预测可以为判定高风险区域提供有效的依据。

(3)人为因素。人为因素也需要考虑。例如,附近的大规模工程施工、大面积植被砍伐等都可能加大地质灾害发生的风险。合理评估这些人为因素对隧洞工程区域的影响,有助于识别高风险区域。

2. 风险评估的方法与工具

风险评估是确定高风险区域的关键步骤,采用科学的方法和适当的工具进行评估可以提高评估的准确性和可靠性。

定量评估方法可以通过收集的大量实测数据和监测信息,利用统计学方法进行风险评估。例如,采用统计分析软件对地质数据、气象数据进行处理,得出不同地区的风险水平。

定性评估方法主要依赖专家判断和经验总结。通过专家的知识和经验,对隧洞区域的地质、气候等因素进行综合评估,确定高风险区域。

GIS(地理信息系统)技术在风险评估中也有广泛应用。GIS 可以整合各种地理空间数据,通过空间分析方法,直观地展示出高风险区域的地理位置,为决策提供直观的信息支持。

(二)特殊安全管理措施的制订

1. 高风险区域的施工限制

在水工隧洞施工中,高风险区域的施工限制是确保工程安全的重要手段之一。高风险区域的施工限制主要包括以下几个方面。

(1)对进入高风险区域的人员要进行严格控制。设置专门的进入通道,并采用设立检查点、配备监控系统等手段,确保只有经过合格培训并取得相关证书的工作人员才能进入高风险区域。这有助于降低人员误入高风险区域的可能性。

(2)施工过程中需要严格控制工法。在高风险区域进行施工时,需要制定详细的工法,确保施工过程中不会对地质环境造成不可逆转的破坏。这涉及爆破技术的合理运用、挖掘深度的控制等方面。

(3)对使用的施工设备进行严格的质量把关。高风险区域的地质条件可能对施工设备提出更高的要求,因此需要确保使用的设备符合相关标准,并经过严格检测和测试。

(4)合理有效建立应急预案。在高风险区域进行施工时,可能面临各种突发状况,因此需要制订科学合理的应急预案,明确各种突发情况的处理措施,确保及时、有效地应对各种安全风险。

2. 安全设施的加强与改进

为提高水工隧洞施工的安全性,需要在高风险区域加强和改进安全设施,确保在施工过程中工作人员的人身安全和设备的正常运行。

在高风险区域,边坡、坡脚应进行加固。采取防护措施,如设置护坡网、加固钢筋混凝土结构等,防止因地质灾害导致的边坡滑坡、坡脚塌方等情况。

不仅如此,还需要建设完善的通风系统。在隧洞施工中,可能会遇到地下气体积聚、有毒气体释放等情况,为了确保工作人员的呼吸健康,需要建立通风系统,及时排除有害气体。

此外,应增设监测和预警设施。在高风险区域设置地质监测系统、地震预警系统等,通过实时监测地质变化和地震情况,提前发现潜在风险,并采取相应措施,确保施工的安全性。

提高设备的安全性能也是必要的措施。对施工设备,需要定期检查维护,确保设备运行的稳定和安全。在高风险区域使用设备时,还需要配备应急救援设备,以应对可能的紧急情况。

(三)人员培训与安全意识提升

1. 高风险区域的人员培训计划

在水工隧洞施工中,高风险区域的人员培训计划是确保工程安全顺利进行的关键环节。人员培训旨在提升工作人员在高风险环境中应对突发状况的能力,降低事故发生的可能性。

人员培训应包括专业技能和应急处理两方面内容。针对水工隧洞施工的特殊性,培训内容应涵盖岩土工程、地质灾害防范、施工设备操作等专业知识,同时注重模拟高风险情境,培养工作人员在紧急情况下的应变能力。

培训计划应依据不同岗位的职责和工作需求进行差异化设置。施工现场涉及多个专业领域,如地质勘探、爆破作业、设备操作等,因此培训计划需要根据不同岗位的工作特点,有针对性地进行培训,确保每位工作人员都能熟练掌握相关技能。

培训计划还应注重实战演练,通过模拟高风险场景,让工作人员在真实环境中感受紧急情况下的工作压力,提高应急处理的效果。

2. 安全意识教育的实施与效果评估

安全意识教育是提高水工隧洞施工安全水平的基础,通过开展安全意识教育,可以增强工作人员的安全责任感和风险防范意识。

安全意识教育应实现常态化,贯穿整个施工周期。在水工隧洞施工过程中,安全风险随时存在,因此安全意识教育不应仅在施工初期进行一次,而是需要定期进行,以保持工作人员对安全问题的高度警觉。

安全意识教育的内容应包括安全规章制度介绍、事故案例分析、应急预案模拟等方面。通过详细介绍安全规章制度,让工作人员了解各项规定和要求;通过分析事故案例,让工作人员深刻认识到安全意识教育的重要性;通过模拟应急预案,提高工作人员在紧急情况下的反应速度和正确处理能力。

安全意识教育还可以借助现代化的教育手段,如多媒体展示、虚拟实景演示等,使培训更加生动直观。

针对安全意识教育的效果评估,可以通过定期开展安全演练、安全知识测试等形式进行。通过实际演练,检验工作人员在紧急情况下的应对能力;通过知识测试,检查工作人员对安全规章制度的熟悉程度。利用这些手段,可以及时发现和纠正安全教育中存在的问题,确保工作人员的安全意识得到有效提升。

(四)安全管理的监测与反馈

1. 安全监测系统的建设

在水工隧洞施工中,安全管理的监测与反馈是确保工程安全运行的关键环节。通过建设先进的安全监测系统,可以实时监控施工现场的各项安全指标,提前发现潜在风险,及时采取有效的措施,确保施工的安全稳定进行。

安全监测系统应涵盖多个方面的监测点,包括但不限于地质变化、气象条件、设备运行状况、工作人员的作业行为等。通过布设传感器、摄像头等设备,实现对这些监测点的实时信息采集和传输,形成全面的监测网络。

安全监测系统应具备实时性和准确性。通过先进的信息技术手段,将监测数据实时上传到中央控制中心,使管理人员可以随时随地查看各项指标的变化趋势。同时,监测系统的数据应具备高度准确性,确保监测结果的可信度,为决策提供可靠依据。

安全监测系统还应具备预警功能。建立合理的风险预警模型,当监测数据出现异常或超过安全范围时,系统能够及时发出警报,提醒管理人员关注潜在的危险因素,为及时采取防范措施提供预警信息。

2. 安全管理经验的总结与推广

安全管理经验的总结与推广是不断提高水工隧洞施工安全水平的重要手段。对过往工程的安全管理经验进行深入剖析和总结,可以发现安全管理中的成功经验和不足之处,为今后的施工提供宝贵的经验。

对每一次事故或异常事件应进行深入的分析,这是总结经验的关键环节。通过追溯事故发生的原因、施工现场的具体情况等方式,找出事故发生的根本原因,并总结应对措施的得失,为今后类似情况提供科学的应对建议。

总结得出的经验应及时推广应用到其他工程中。通过编写安全管理手册、开展培训会议等形式,将成功的经验分享给更多的从业人员,提高整个行业的安全管理水平。

此外,可以借助信息化手段将安全管理经验进行数字化管理。建立安全管理数据库,将每次事故处理的经验和教训记录下来,形成数据库,为今后安全决策提供参考,减少类似事故的发生。

在总结与推广的过程中,还要注重吸收新技术、新理念,不断更新安全管理的方法和手段。保持对新知识的敏感性,不断调整和优化安全管理策略,以适应不断发展的施工环境和新兴技术。

第五节　环境保护与可持续发展

一、隧洞施工对周边环境的影响

(一)施工噪声与振动的控制

1.噪声产生机制及其影响

施工噪声是由机械设备、工程车辆、爆破等施工活动引起的声波振动而产生的。这些噪声源的机制主要包括机械运动、发动机排气、金属碰撞等。噪声对周边环境的影响主要表现在以下几个方面。

(1)生态影响。构成生态系统的植物和动物对噪声非常敏感,过大的噪声可能导致生态平衡破裂,影响野生动植物的繁衍和栖息。

(2)居民生活干扰。噪声扰动了居民的正常生活,可能引发心理健康问题,如失眠、焦虑等。

(3)建筑物振动。强烈的施工噪声会产生地面振动,对周边建筑物造成影响,甚至可能引发结构损伤。

2.振动对周边土壤与建筑物的影响

振动是由施工机械引起的周期性运动,对周边土壤和建筑物会产生直接的影响。这种影响主要表现在以下几个方面。

(1)土壤沉降与变形。长期、高频率的振动可能导致土壤沉降和变形,影响地基的稳定性。

(2)建筑物振动。施工振动可能通过土壤传递到建筑物,引起建筑物的振动和变形,影响结构安全。

(3)地下水位变化。强烈的振动可能影响地下水位,导致水文环境的变化。

3. 高效控制噪声与振动的技术手段

为了高效控制施工噪声与振动,可采取以下技术手段。

(1)隔声与隔振技术。在施工现场周边设置隔声墙,采用隔振材料减缓振动传播,降低噪声与振动对周边环境的影响。

(2)低噪声设备的应用。选择低噪声的施工机械设备,减少噪声源。

(3)合理规划施工时间。避免在夜间或对周边居民生活造成干扰的时段施工。

(4)振动监测与实时调整。建立振动监测系统,实时监测振动情况,及时采取调整措施。

综合应用这些技术手段,可以在施工过程中有效控制噪声与振动,最大程度地减小对周边环境和建筑物的影响,确保施工活动与周边社区的和谐共存。

(二)空气质量与粉尘治理

1. 施工过程中产生的空气污染源

在水工隧洞施工过程中,由于爆破、机械运输、挖掘等活动,会产生大量粉尘和其他空气污染物。主要污染包括:

(1)爆破烟尘。爆破作业是水工隧洞施工中不可避免的环节,产生的爆破烟尘中含有大量的颗粒物和有害气体。

(2)机械排放。施工机械的运转会释放废气和颗粒物,对周边空气质量造成直接影响。

(3)挖掘扬尘。隧洞挖掘会产生大量扬尘,其中包括土壤颗粒、岩石颗粒等,会对空气质量造成一定的影响。

2. 粉尘对周边植被与空气质量的影响

粉尘对周边植被和空气质量的影响主要表现在以下几个方面。

(1)植被叶面覆盖。粉尘沉积在植被叶面上影响植物的光合作用,降低植被的生长和养分吸收。

(2)空气质量恶化。大量粉尘的排放会导致空气中颗粒物浓度升高,对周边空气质量产生负面影响,可能引发呼吸系统疾病等问题。

(3)土壤质量下降。粉尘的沉降会改变周边土壤的理化性质,影响土壤健康,对植被的生长产生负面影响。

3. 高效治理施工粉尘的技术与管理方法

为了高效治理水工隧洞施工中产生的粉尘问题,可以采用以下技术与管理方法。

(1)湿式降尘技术。通过增加水分,形成湿式降尘系统,减少扬尘对空气质量的影响。

(2)覆盖技术。在施工现场覆盖材料或使用防护罩,减少挖掘扬尘的产生。

(3)定期清理与监测。对施工现场进行定期清理,及时清除沉积的粉尘,保持施工区域的清洁。通过监测设备实时监测粉尘浓度,及时调整治理策略。

(4)环保设备的应用。引入高效的环保设备,如空气净化器、扬尘治理设备等,提高治理效果。

综合运用上述技术与管理方法,可以有效降低水工隧洞施工中产生的粉尘对周边环境的影响,保障空气质量和植被健康。同时,合理规划施工过程中的粉尘治理方案,确保符合环保法规要求,实现施工与环保的双赢。

(三)水质保护与地下水管理

1. 施工引起的地下水位变化分析

水工隧洞施工过程中,地下水与施工活动的相互作用,可能会引起地下水位的变化。这种变化对周边地下水系统和生态环境可能产生重要影响。

挖掘隧洞可能会引起地下水的抽取和排放,从而造成施工区域附近地下水位下降。当水位下降时,可能会对周边植被和生态系统的水分供应产生不利影响。而隧洞施工也可能改变地下水的流动方向,引起地下水位在水平和垂直方向上的变化。这些变化都会对周边土壤的湿度和水分运移产生重要影响。

地下水位变化的分析需要综合考虑地质条件、水文特征及施工活动的具体影响。在实际施工中,需要通过监测系统实时追踪地下水位的变化情况,并根据监测结果及时调整施工方案,最大程度减少对地下水位的负面影响。

2. 施工过程中可能的水质污染源

水工隧洞施工过程中,可能产生各种水质污染源,对地下水质量产生潜在影响。主要的水质污染源包括:

(1)工程排水。施工过程中产生的废水,可能挟带有害物质,如泥土颗粒、重金属等,对地下水质产生污染。

(2)化学物质使用。在施工中使用的化学物质,如爆破药剂、防水涂料等,可能溶解或挥发进入地下水,导致水质污染。

(3)固体废弃物处理。施工现场产生的废弃物,如果处理不得当,可能会渗漏有害物质,对地下水产生负面影响。

3. 地下水管理与保护措施的有效性评估

为保证地下水质量,必须实施有效的管理与保护措施。评估这些措施的有效性需要考虑以下几个方面。

(1)监测系统的建设。建设完善的地下水监测系统,实时监测水质变化,及时发现异常情况。

(2)排水水质处理。通过引入先进的水质处理技术,对排水进行处理,确保排放水质符合相关标准。

(3)施工前的水文地质调查。在施工前进行详尽的水文地质调查,了解地下水位、水流方向、水质状况等信息,为施工后的水质管理提供依据。

(4)风险评估与预警。制定地下水管理的风险评估体系,建立预警机制,及时采取应对措施。

综合应用上述措施,可以有效管理和保护水工隧洞施工过程中的地下水质,最大限度地减小对周边水环境的负面影响,实现水资源的可持续利用。

(四)生态系统与野生动植物保护

1. 施工对周边生态系统的直接与间接影响

水工隧洞施工对周边生态系统可能带来直接和间接的影响。直接影响主要包括土地开垦、植被破坏、噪声和振动扰动等,这些因素可能导致动植物栖息地的破坏和生境丧失。同时,施工过程中可能产生的污染物也对周边生态环境构成威胁。间接影响则主要体现在水工隧洞建成后,可能改变周边水文地质条件、影响土壤湿度、植被分布等,对生态系统的稳定产生潜在的长期影响。

因此,在施工前、施工期间和施工后都需要采取一系列的生态保护措施,以最大限度地减小对周边生态系统的影响。

2. 野生动植物栖息地的保护策略

为了保护野生动植物的栖息地,需采取一系列策略,确保它们的生存环境得到最大限度的保护。

在施工前应进行详细的生态调查,了解野生动植物的分布情况、繁殖习性等信息,以便合理规划施工区域和施工时间,避免对栖息地的直接破坏。在施工期间,需要设立保护区域,限制人员和机械设备的进入,确保施工活动不对野生动植物的生存造成威胁。在采取爆破等可能影响栖息地的活动时,需要提前采取措施,如声音隔离、振动吸收等,减小对周边野生动植物的干扰。

3. 生态恢复与保护计划的制订

为了实现水工隧洞施工后的生态环境恢复,需在项目计划中制订详细的生态恢复与保护计划。这个计划应包括以下几个方面。

(1)植被恢复。在施工区域内,需要采取植被保护和恢复措施,包括植被移植、引入当地植物种类、加强水土保持等,促使植被在施工后尽快恢复。

(2)水体生态修复。对受到污染的水体进行修复,清理污染物,维护水域生态系统的稳定。

(3)野生动植物监测。在施工后,建立长期的监测系统,跟踪野生动植物的栖息地使用情况,及时调整保护策略。

(4)教育与宣传。对周边社区和施工人员进行生态环境保护的宣传和教育,提高他们对生态环境的认识和保护意识。

通过制订和执行这些计划,可以最大程度地减小水工隧洞施工对生态系统和野生动植物的负面影响,实现施工和自然环境的和谐共存。

二、可持续发展原则在隧洞工程中的应用

(一)资源利用与能源效益

1. 隧洞建设过程中的资源消耗分析

水工隧洞的建设过程中,资源的消耗主要涉及土石方材料、水泥、钢材等多种建筑材料。在资源有限的前提下,隧洞施工应该注重合理利用有限的资源,减少浪费。可通过精细的勘测和设计,合理计算出所需各类材料的用量,避免因误差而导致的额外消耗。也可以实施循环经济理念,对原有的旧隧洞或采石场等,可以考虑进行再利用,降低新材料的开采和制造成本。

2. 可持续建筑材料与施工技术的应用

可持续建筑材料和施工技术的应用对隧洞工程的资源利用和环境影响具有积极的推动作用。例如,使用再生建筑材料(如再生混凝土、再生钢材),不仅可以减少对新资源的需求,还能有效降低施工对环境的冲击。此外,采用新型环保施工技术,如水泥混凝土搅拌站的节能技术、智能化施工设备的应用等,也能提高工程的资源利用效率。

3. 节能与新能源在隧洞施工中的应用

节能与新能源的应用是推动隧洞施工能源效益提升的重要手段。隧洞施工通常需要大量的机械设备,如钻爆设备、隧洞掘进机等,这些设备的能源消耗在施工中占相当大的比例。引入先进的节能技术,如高效动力系统、自动控

制系统等，可以显著减少设备的能源浪费。同时，隧洞施工现场通常有较大的面积，可以考虑在工地上利用太阳能、风能等新能源，解决一部分电力需求，提高施工的能源自给自足性。

（二）经济效益与长期维护

1. 隧洞建设后期的经济效益分析

隧洞建设的经济效益是评估工程投资回报的关键因素之一。建成后，隧洞将为周边地区的水资源调配、供水、灌溉等提供必要的基础设施支持。在经济效益分析中，需要考虑隧洞的使用寿命、水资源利用效率、供水范围等因素。同时，隧洞所带动的地方经济发展、附近土地价值的提升等也需要进行综合考量。

2. 隧洞设施的长期维护与管理规划

长期维护与管理对隧洞设施的正常运营和使用寿命的延长至关重要。因此，要建立完善的监测系统，对隧洞结构、设备、水文环境等进行实时监测，及时发现潜在问题并采取措施修复。要进行定期的检修与保养工作，对设施进行全面检查，替换老化部件，确保隧洞的稳定性和安全性。此外，建议采用信息化手段，如智能监测、远程巡检等技术，提高管理的精细化水平，降低维护成本。

3. 可持续发展理念对隧洞经济效益的影响

可持续发展理念在隧洞经济效益方面发挥着重要作用。可持续发展强调社会、经济、环境的协调发展，在隧洞建设过程中，要充分考虑周边地区的利益，确保建设为周边地区的经济、生态等方面带来积极影响。在隧洞的管理与运营中，要遵循节能减排、资源循环利用等可持续发展原则，通过提高资源利用效率、减少能源消耗等手段，降低经济成本，提升隧洞的整体经济效益。

（三）环境监测与评估体系建设

1. 可持续发展指标体系的构建

可持续发展指标体系是隧洞工程实施中评估环境影响和推动可持续发展的关键工具。这个体系应涵盖社会、经济和环境等多个方面。在社会层面，可持续发展指标包括工程对周边社区的社会责任、就业机会创造等。在经济层面，应考虑工程的投资回报率、经济效益、对当地产业的带动等因素。环境方面的指标则需要涵盖水质、空气质量、生态系统状况等。这些指标需要通过科学的方法构建，充分考虑工程的具体特点和周边环境的情况，全面评估隧洞工程的可持续性。

2. 隧洞工程环境监测系统的设计与实施

隧洞工程环境监测系统是保障工程可持续发展的基础。这个系统应当覆盖隧洞建设前、建设中和建设后的全过程。在建设前,需要通过地质勘探、水文地质调查等手段,了解施工地区的环境基线,并作为后续监测的参照。建设中,要实施定期的环境监测,关注隧洞建设对周边环境的影响,确保施工过程中的环境风险得到有效控制。建设后,监测系统要持续运行,跟踪隧洞的运营对周边环境的影响,确保长期可持续发展。

3. 环境评估与监测对可持续发展的反馈机制

环境评估与监测需要建立与可持续发展目标相对应的反馈机制。通过不断收集和分析环境监测数据,评估隧洞工程对环境的影响,并将结果反馈给决策者和相关利益方。这个过程不仅可以及时发现潜在问题,也为调整工程方案提供了科学依据。同时,向社会公众公开监测结果,增强工程的社会责任感,提高公众对工程的信任度。这样的反馈机制有助于不断改进工程实施过程,推动工程更好地融入可持续发展理念,实现经济、社会和环境的协同发展。

第四章 水利工程隧洞施工关键技术

第一节 开挖施工技术

一、钻孔爆破法

钻孔爆破法是指通过钻孔、装药、爆破开挖岩石的方法，简称钻爆法，是水利工程隧洞开挖最常用的施工方法，其对岩层地质条件适应性强、开挖成本低，尤其适合岩石坚硬的隧洞施工。钻孔爆破法最初由人工手把钎凿孔，用火雷管逐个引爆单个药包，发展到如今用凿岩台车或多臂钻台车钻孔，用毫秒爆破、预裂爆破及光面爆破等爆破技术。施工前，必须根据地质条件、隧洞断面大小、支护方式、工期要求，以及施工设备技术参数等相关条件，择优选定隧洞开挖方案。

钻爆法设计的主要内容是：

(1)确定开挖断面的炮孔布置，包括各类炮孔的位置、深度及方向。

(2)确定各类炮孔的装药量、装药结构及堵孔方式。

(3)确定各类炮孔的起爆方法和起爆顺序。

水工隧洞岩石开挖爆破施工主要有以下特点：

(1)受通风、照明、噪声及水文地质等因素影响，钻爆作业条件差。

(2)受施工场地限制，钻爆施工与围岩支护、出渣运输等工序交叉作业，施工难度大。

(3)爆破自由面少，因围岩的挟制作用，岩石破碎难度大、岩石爆破的单位耗药量高。

(4)水工隧洞成型断面质量要求高，按水利工程标准隧洞开挖要求，严格控制超挖、不允许欠挖。

(5)爆破安全要求高。受公安部门要求民爆物品从严管控的影响，从爆破物品的审批、领用到退还都要严格控制，同时还要防止飞石、空气冲击波对隧洞内相关设施及结构的损坏。应尽量控制爆破对围岩及附近支护结构的扰动，确保隧洞的安全稳定。

(一)全断面开挖法

1. 介绍

全断面开挖法是按照原先做好的隧道设计开挖断面,一次性就能挖到设计目标的施工方法。相对于传统的断面开挖施工方法,全断面开挖法的施工效率相对较高。其开挖施工工艺流程如图4-1所示。

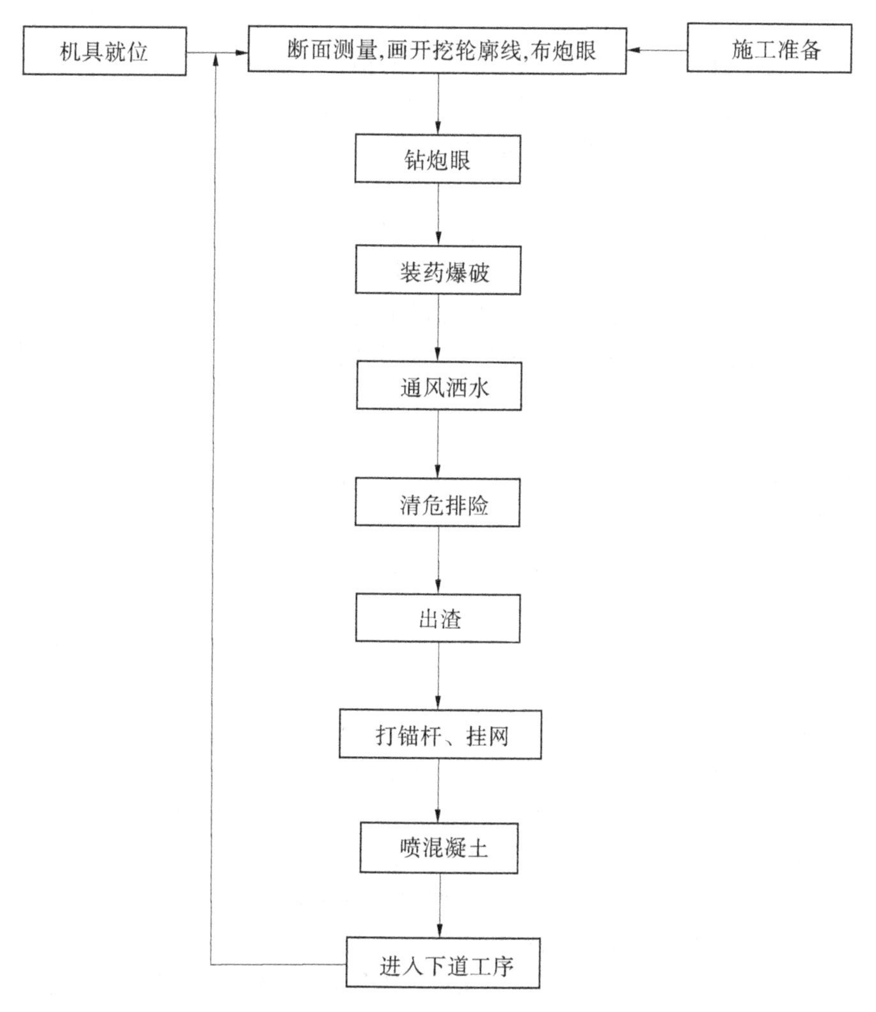

图4-1　全断面开挖法施工工艺流程

2. 施工特点

全断面开挖法是一种在隧道施工领域备受关注的先进方法,其施工特点集中体现在多个方面。

(1)该方法突破了传统隧道施工中分段挖掘的限制,采用一次性钻爆开挖让整个断面一次成型,从而避免了多次调整和烦琐的施工过程。这种整体性的开挖不仅提高了施工效率,而且降低了工程周期,为隧道工程的快速推进提供了可行性。

(2)全断面开挖法在施工过程中注重原先的隧道设计。按照预先规划好的设计方案进行一次性挖掘,确保了施工的精准性和工程质量的可控性。这种注重设计的施工方式有助于避免后期的调整和修正,减少了不必要的工程变更,提高了整个隧道工程的稳定性和可靠性。

(3)全断面开挖法在提高施工效率的同时,也注重施工安全。通过细致的工程计划和严格的施工标准,确保了在整体开挖过程中的工程稳定性和工人安全。相较于传统分段挖掘的方法,全断面开挖法的施工更为集中,减少了工地的混乱和危险因素,为工程人员提供了更安全的工作环境。

(4)全断面开挖法在施工过程中充分利用了现代技术的支持,如先进的钻爆设备、实时监测系统等。这些技术手段为工程施工提供了更多的数据支持和实时监控保证,使工程管理更加精确和科学。通过引入这些先进技术,全断面开挖法实现了施工过程的数字化和信息化,提高了隧道工程的智能化水平,进一步增强了施工的可控性和可预测性。

(5)在环保方面,全断面开挖法相对其他方法较少产生挖掘过程中的振动和噪声,降低了对周边环境的影响。这对在城市及周边地区进行的隧道施工尤为重要,有助于减轻对周边居民和建筑物的干扰,体现了全断面开挖法的环保性。

(6)全断面开挖法在应对复杂地质条件方面表现出色。其整体性的开挖方式,能够更加灵活地应对地层变化和不同地质条件,使隧道工程在各种地质环境中都能够取得良好的施工效果。这种适应性使全断面开挖法在面对多样化的地质挑战时更具优势,为工程的顺利进行提供了有力的支持。

总体而言,全断面开挖法作为一种创新的隧道施工方法,凭借其高效、精准、安全、环保及适应性强的特点,正逐渐成为水工隧洞的首选施工方式。其在提高施工效率的同时,注重施工质量和工程安全,为水利工程的可持续发展奠定了坚实的基础。

3. 应用范围

全断面开挖法适用于Ⅰ~Ⅲ级围岩的开挖,这种围岩条件通常表现为相对坚固和稳定的地质环境。在这样的地质条件下,全断面开挖法能够更加高效地完成整个隧洞的开挖,提高施工效率,缩短工程周期。

当隧道断面深度在60 m以下,并且围岩地层属于Ⅲ类的情况时,全断面开挖法仍然可行。在这种情况下,为了降低地层的扰动次数,可以通过局部注浆的形式进行加固。注浆加固可以有效提高围岩的稳定性,减少岩土的松动和变形,为后续的全断面开挖提供更加有力的支持。

全断面开挖法在地层较深的情况下表现出独特的优势,相较于其他挖掘方式更具有可操作性。水工隧洞通常需要穿越各种地质条件,全断面开挖法的适应性使其成为处理不同地质情况的理想选择,尤其是需要在较深层次进行施工的情况下,其他挖掘方式可能面临困难或效率低下的问题。

此外,水工隧洞全断面开挖法也在处理地下水位较高的情况时展现出一定的优越性。该方法一次性完成整个断面的开挖,可以更好地应对地下水的涌入,减少水工隧洞施工过程中的水文问题,提高工程的可靠性。

总体而言,水工隧洞全断面开挖法在水工工程中具有广泛的应用前景,特别是在满足一定围岩条件、需要深层次施工,以及处理地下水位较高等特殊情况下,其独特的优势使它成为水工隧洞施工的首选方法之一。全断面开挖法灵活应用于不同的工程场景,为水工工程的顺利进行提供了可行而高效的解决方案。

(二)导洞开挖法

1. 概述

导洞开挖法是一种先开挖小断面洞(即导洞),然后逐步扩大至设计要求的断面尺寸和形状的开挖方式。这种策略不仅可以帮助施工团队更全面地了解和掌握地质情况,还在扩大开挖时增大了爆破临空面,从而提高了爆破效果。导洞开挖法根据导洞与扩大部分的开挖次序,分为导洞专进法和导洞并进法两种。通过先开挖导洞的方式,施工团队能够有计划地逐步扩大开挖范围,最大限度地减小工程风险,并在施工过程中不断优化爆破效果。这一开挖方法在复杂地质条件下尤为有益,为工程的高效、安全施工提供了可行的方案。导洞开挖断面示意如图4-2所示。

2. 分类

1)上导洞开挖法

上导洞开挖法是一种在隧洞的顶部布置导洞,并通过对称进行断面开挖的方法。该方法适用于地质条件较差、地下水较少、机械化程度较低的情况。其优势在于安全问题相对容易解决,例如,当顶部围岩破碎时,可以先进行衬砌,确保施工的安全性。然而,该方法的缺点在于出渣线路需要进行二次铺

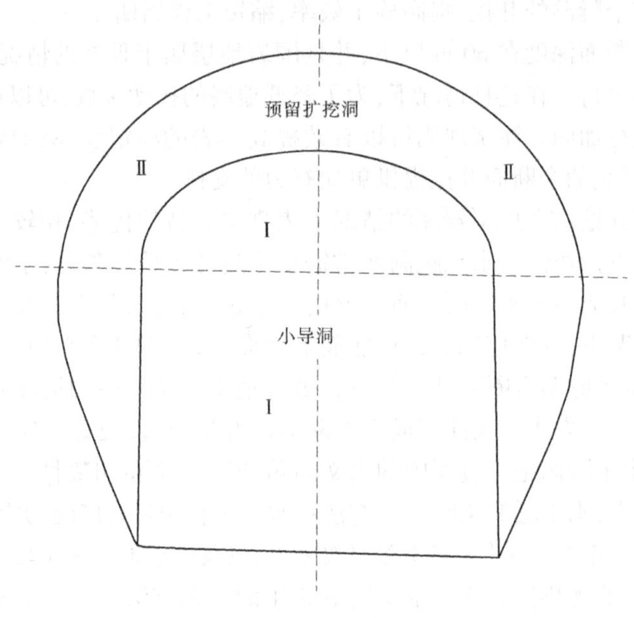

图 4-2 导洞开挖断面示意

设,施工排水不够便捷,并且顶拱衬砌与开挖相互干扰,导致施工速度相对较慢。

对开马口是将同一衬砌段的左右两个马口同时开挖,随即进行衬砌。为确保安全,每次开挖马口不应过长,一般以 4~8 m 为宜。在地质条件较好、围岩与拱圈黏结较牢的情况下,采用对开马口法可以减少施工干扰,避免爆破打坏对面边墙。对于围岩较松散破碎的情况,宜采用错开马口法,即每个衬砌段两个马口的开挖不同时进行,交叉进行开挖和浇筑,以确保施工的顺利进行。还有一种方法是将隧洞顶拱挖得较大,使顶拱衬砌混凝土直接支承在围岩上,无需再挖马口,简化了施工流程。通过灵活运用这些方法,上导洞开挖法在各种地质条件下都能很好地平衡安全性和施工效率。

2)下导洞开挖法

下导洞开挖法是一种将导洞布置在断面下部的开挖方法。这种策略适用于围岩稳定、洞线较长、断面不大、地下水较多的情况。其独特之处在于洞内施工设施只需铺设一次,且在断面扩大时可以充分利用上部岩石的自重,提高爆破效果。此外,这种方法具有清理方便、排水容易、施工速度快的优势。然而,其缺点在于顶部扩大时钻孔较为困难,石块可能因自重坠落,岩石形状不易控制,特别是在遇到不良地质条件时,施工的安全性可能受到一定影响。在实施下导洞开挖法时,必须根据具体地质情况采取相应的安全措施,确保施工的顺利进行和人员的安全。

3)中间导洞开挖法

中间导洞开挖法是一种将导洞设置在断面中部,随后向四周扩大的开挖方法。这种策略适用于围岩坚硬、不需要临时支撑,且适合使用柱架式钻机的情况。柱架式钻机具有向四周辐射钻孔的优势,使断面扩大迅速。然而,这为导洞和扩大部分的并进带来了一些挑战,特别是导洞出渣可能会变得较为困难。尽管存在这些挑战,中间导洞开挖法仍然是一种高效的开挖方式,适用于坚硬围岩条件下的工程,能够实现断面快速扩大,提高施工效率。在实施过程中,需要充分考虑导洞出渣的问题,并采取相应的措施确保施工的顺利进行。

4)双导洞开挖法

双导洞开挖法包括两侧导洞法和上下导洞法两种变体。在两侧导洞法中,导洞设置在设计开挖断面的边墙内侧底部,适用于围岩松软破碎、地下水较多、断面较大且需要同时开挖和衬砌的情况;而上下导洞法则在设计断面的顶部和底部分别设置两个导洞,适用于大断面、缺少大型设备、地下水较多的情况;上导洞用于扩大断面,下导洞则用于出渣和排水,它们通过竖井进行连通。

导洞通常采用上窄下宽的梯形断面,以获得较好的受力条件,并方便布置风、水、电等管线在断面的两个底角。导洞的断面尺寸需要根据开挖、支撑、出渣运输工具的大小,以及人行道布置的要求确定。在保证施工便利的前提下,导洞的尺寸应尽可能小,以加快施工进度并节省炸药用量。一般而言,导洞的高度为2.2~3.5 m,宽度为2.5~4.5 m(其中人行道宽度可取0.7 m)。通过合理设计导洞的形状和尺寸的方式,双导洞开挖法在应对不同地质和工程条件时展现了灵活性和高效性。

(三)分部分块开挖法

分部分块开挖法一般适用于围岩稳定性较差、开挖后需要及时支护的较大断面隧洞开挖。施工时对整个隧洞进行分块,先开挖一部分断面,及时做好支护,再依次扩大开挖,直至整个隧洞成型。

用钻爆法进行水工隧洞开挖,为确保安全施工,每次爆破通常从第一序钻孔开始,经过装药、爆破、通风散烟、出渣等工序,到开始第二序钻孔为一个隧洞开挖作业循环。为加快掘进速度,应设法尽量压缩作业循环时间。

分部分块开挖断面示意如图4-3所示,考虑到围岩地质稳定性,为确保安全施工,必须先对Ⅰ-1区开挖、支护后,再分别开挖Ⅰ-2区、Ⅰ-3区,支护好后才能依次对Ⅱ-1区、Ⅱ-2区及Ⅲ-1区、Ⅲ-2区开挖。这类开挖要特别注意每一区块开挖后都必须采取有效的支护措施,并检查确认安全后才能进行下一区块开挖。

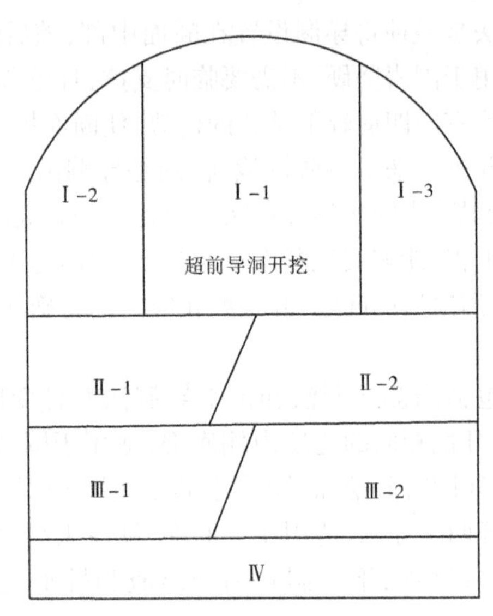

图4-3　分部分块开挖断面示意

二、TBM法

(一)概念

TBM是隧道掘进机(Tunnel Boring Machine)的英文缩写。在我国,习惯上将用于岩石地层的全断面隧道掘进机称为TBM。

TBM是一种依靠刀盘旋转破岩推进,隧道支护与出渣同时进行,并使隧道全断面一次性成型的大型专用装备。通常定义中的TBM是指全断面隧道掘进机,是以岩石地层为掘进对象。

(二)功能

现代的TBM采用机械、电气和液压领域的高科技成果,运用计算机控制、闭路电视监视、工厂化作业,是集掘进、支护、出渣、运输于一体的成套设备。采用TBM施工,无论是在隧道的一次成型、施工进度、施工安全、施工环境、工程质量等方面,还是在人力资源配置方面都比传统的钻爆法施工有了质的飞跃。

TBM具有掘进、出渣、导向、支护四大基本功能,对于复杂地层,还配备有超前地质预报设备。掘进功能主要由刀盘旋转带动滚刀在开挖面破岩,以及为 TBM 提供动力的驱动系统和推进系统完成;出渣功能一般分为导渣、铲渣、溜渣、运渣四部分;导向功能主要包括确定方向、调整方向、调整旋转、调整偏转;支护功能分为掘进前未开挖的地层预处理、开挖后洞壁的局部支护,以及全部洞壁的衬砌或管片拼装;超前地质预报系统一般由超前钻机和自带的物探系统组成。

(三)分类

1. 以围岩地质条件划分

以围岩地质条件划分,有硬岩掘进机,如敞开式 TBM;软硬岩兼容掘进机,如护盾式 TBM。

2. 以护盾形式划分

以护盾形式划分,有敞开式 TBM、单护盾 TBM、双护盾 TBM 或多护盾 TBM。

3. 以 TBM 直径大小划分

以 TBM 直径大小划分,有微型 TBM(0.3~1.0 m)、小型 TBM(1.0~3.0 m)、中型 TBM(3.0~8 m)、大型 TBM(>8 m)。

4. 以开挖断面形状划分

以开挖断面形状划分,有单一的圆形断面 TBM;双圆或多圆 TBM;不规则断面 TBM,如马蹄形等。

5. 以隧洞的水平-垂直度划分

以隧洞的水平-垂直度划分,有水平掘进机、斜井掘进机、竖井掘进机。

(四)选型

1. 选型原则

TBM 的性能及其对地质条件和工程施工特点的适应性是隧洞施工成败的关键,所以 TBM 的选型显得尤为重要。TBM 各个系统、各个部件的选型应按照性能可靠、技术先进、经济适用相统一的总要求,依据工程地质资料,参考国内外已有的 TBM 工程实例,并遵循以下原则。

(1)根据工程特点选取合适类型的 TBM。TBM 按适用的工程地质大致分为软岩 TBM 和硬岩 TBM,不同生产商生产的同类型 TBM 在结构上也有很大差别,各有优缺点,要根据工程特点对照选择。

(2)优先选用有丰富施工经验、产品品质过硬、信誉高的 TBM 制造商,并了解其生产能力和企业状况,确保能按时保质完成 TBM 生产、交付使用。

(3)选用性能可靠的 TBM。TBM 是个非常复杂的施工设备,集机、电、液于一身,要完成掘进、出渣、支护、地质预测预报、测量等多方面的工作。TBM由成千上万个部件组成,只要其中任何一个部件或系统出现问题就会造成整个施工停顿,所以在选用各个系统和部件时要优先选择产品质量可靠的国内外知名厂商。

(4)选用功能完善、能力匹配的TBM。选用TBM前要详细了解将要施工的工程对TBM的功能有哪些要求,TBM能否达到这些要求,各系统工作能力是否匹配,各性能参数是否符合工程要求等。任何一个系统的能力不匹配都会影响总的生产能力。

(5)选用技术先进的TBM。随着科学技术的发展,许多先进技术都已应用在了TBM上,先进技术是提高TBM设备质量的保证,能够使TBM具有可靠的性能、快速的施工能力,这是保障TBM快速施工的关键。但是在采用先进技术时要考虑其适用条件,不能盲目追求先进。

2. TBM类型、适用范围及特点

根据隧洞工程地质条件和支护形式,TBM主要分为敞开式TBM和护盾式TBM,其中护盾式TBM主要分为双护盾TBM和单护盾TBM,其适用范围和特点如表4-1所示。

表4-1　TBM适用范围和特点

项目	敞开式TBM	双护盾TBM	单护盾TBM
地质条件适应性	对岩石稳定性要求较高,适应围岩条件较好,岩石为中硬岩、坚硬岩、极硬岩,单轴抗压强度在50~300 MPa的Ⅰ、Ⅱ、Ⅲ级围岩	适应地层较广,岩体较完整至破碎都可适应,岩石为软岩、中硬岩、坚硬岩,单轴抗压强度在20~150 MPa的Ⅱ、Ⅲ、Ⅳ、Ⅴ级围岩,但当遇到破碎带和膨胀围岩、地应力大而导致的围岩变形时有卡机风险	主要应用于地质松软地层,即围岩的稳定性差,单轴抗压强度在40 MPa以下的Ⅳ、Ⅴ级围岩。此外,使用敞开式TBM和双护盾TBM无法支撑洞壁,不能有效提供反作用力时选用此类型

续表 4-1

项目	敞开式 TBM	双护盾 TBM	单护盾 TBM
施工速度	地质情况好时只需进行挂网锚喷,支护工作量小,速度快;地质情况差时需要超前加固,并用钢拱架支护,支护工作量大,速度慢	围岩较稳定时,掘进的同时可安装管片,掘进速度快	只能支撑在管片上掘进,施工速度相对较慢
衬砌效果及质量	采用复合式衬砌可根据开挖情况随时调整初期支护和二次衬砌措施,费用低	需要较多管片生产模具并需在管片场预制,管片总体造价高,支护整体性和防水性不如模筑衬砌	同双护盾 TBM
超前支护	灵活	不灵活	不灵活
安全性	设备与人员暴露在围岩下,需加强防护	设备与人员处于 TBM 壳体的保护下,安全性好	同双护盾 TBM
经济性	工程造价较低,地质情况好时只需进行挂网锚喷,支护工作量小,不需单独建设管片场,施工场地占用面积小,制造周期短,设备造价低	工程造价较高,需单独建设管片场,施工场地占用面积较大,制造周期长,设备可改造为锚喷支护形式,但造价较敞开式 TBM 高	工程造价较高,需单独建设管片场,施工场地占用面积较大,制造周期长,设备造价低
应急处理的灵活性	灵活性好,对小型断层、破碎带、涌水等不良地质可采用辅助设备进行临时处理,适当调整掘进参数,待掘进机通过时再加固	灵活性差,遇到软岩大变形地层时应急处理能力较差;由于护盾较长,遇到断层、破碎带时很容易被卡,脱困时间较长	灵活性差,由于没有支撑反力,单护盾 TBM 没有后退功能,很难对刀盘前部围岩进行处理;对软岩大变形的应急处理灵活性较差,盾体较长容易被卡

(五)发展历程

TBM 施工法起源于 1846 年,当时比利时工程师毛瑟研制出了世界上第一台 TBM。而真正将 TBM 发展为现代意义上的施工法的是美国工程师詹姆士·罗宾斯,他在 1953 年成功研制出了第一台现代意义的 TBM。

在我国,对 TBM 的研究始于 20 世纪 60 年代,目前该技术已经广泛应用于水电、铁路、交通、矿山和市政等领域的隧洞工程。特别值得一提的是,我国在水工隧洞施工中最早最多采用了 TBM 法,为 TBM 法在国内的推广和应用做出了巨大的贡献。

通过分析总结,我国 TBM 施工经历了以下五个阶段。

1. 第一阶段

20 世纪 60—70 年代,TBM 技术处于研发探索和试用阶段。由于当时国内的基础工业水平、经济形势、产品开发思路及技术路线等因素的影响,所研发生产的 TBM 存在破岩能力弱、掘进速度慢、故障率高、可靠性差等问题,无法满足隧洞快速掘进的需求。因此,该时期的 TBM 研制工作一度中断,与真正意义上成功的现代硬岩 TBM 技术水平相去甚远,未能得到广泛应用。

2. 第二阶段

20 世纪 80—90 年代,我国隧洞施工以国外施工承包商为主体,采用国外设计制造的 TBM。在这一阶段中,以山西万家寨引黄入晋工程为代表,国外 TBM 承包商为主体,采用国外设计制造的 TBM 建设我国的水利水电工程。该阶段的 TBM 工程还有广西天生桥水电站工程和甘肃引大入秦工程。

1985 年,天生桥水电站工程采用双护盾 TBM,施工期间遭遇溶洞而被迫退出。

1991—1992 年,甘肃引大入秦工程采用罗宾斯公司生产的双护盾 TBM,由意大利 CMC 公司组织施工,取得最佳日进尺 65. 5 m、最佳月进尺 1 300 m 的掘进业绩。

1993—2000 年,山西引黄入晋工程采用了罗宾斯公司等厂家生产的 6 台直径 4. 88~5. 96 m 双护盾 TBM,承包商为意大利 CMC 等公司。由于工程地质条件和 TBM 设备性能较好,承包商施工经验丰富,创造了最佳月进尺 1 821. 5 m 的掘进纪录,平均月进尺达 650 m。

该阶段我国 TBM 发展特点:国外制造商和承包商主导确定 TBM 设计和施工技术方案,在施工过程中锻炼成长了一批国内 TBM 施工作业操作人员,但缺乏工程全过程 TBM 专家和工程师队伍的培养。

3. 第三阶段

1995—2005 年,我国独立进行 TBM 招标采购和选型设计,建立起自主 TBM 施工队伍。西康铁路秦岭隧道为该阶段的代表性工程,此工程是我国首次主导 TBM 选型设计,采购德国维尔特公司制造的 2 台直径为 8.80 m 的敞开式 TBM,由铁道部第十八工程局和铁道部隧道工程局(今中铁隧道局集团有限公司)施工。该隧道工程在 1997 年下半年现场组装后始发掘进,于 1999 年底掘进贯通,工程围岩是以混合花岗岩和混合片麻岩为主的极硬岩,抗压强度 105~315 MPa。工程最高月进尺 531 m,平均月进尺约 310 m。

2000 年,这 2 台 TBM 分别被转移至西安—南京铁路桃花铺一号隧道和磨沟岭隧道进行施工,面对隧道塌方、洞壁软弱无法支撑等技术问题,施工中采用了超前注浆、管棚及侧壁灌注混凝土等技术,首次自主实现了敞开式 TBM 长距离穿越软弱围岩隧道,最佳月进尺 573 m。2007 年,我国实现了这 2 台 TBM 的自主修复,并投入南疆铁路吐库二线工程中天山隧道施工。

该阶段我国 TBM 发展主要特点:主导了 TBM 招标采购和选型设计,实现了 TBM 自主施工,建立起自主的 TBM 施工队伍,为后来 TBM 工程的全过程实施奠定了基础。

4. 第四阶段

2005—2015 年,我国与国外厂家联合设计制造 TBM,工程应用和自主施工快速发展。进入 21 世纪,以辽宁大伙房水库输水工程为代表,我国进入了与外商联合设计制造 TBM、自主施工的大发展阶段。大伙房水库输水工程是目前世界上已运行的连续最长隧洞(连续长约 85.3 km),隧洞开挖直径为 8.03 m。该工程于 2005 年现场组装后始发掘进,采用 3 台敞开式 TBM 和钻爆法联合施工,2009 年隧洞开始运行,工程具有以下亮点。

(1)首次在我国采用刀盘变频驱动技术、大直径(约 48 cm)盘形滚刀技术、连续皮带机出渣技术、长距离低泄漏施工通风技术和“蛙跳式”钢枕木后配套轨道系统等 10 余项新技术,取得大直径 TBM 最高月进尺 1 111 m、日进尺 63.5 m 的掘进纪录,掘进作业利用率达到 40%。

(2)首次在我国证明长距离连续皮带机出渣技术是可靠的先进技术,为后来我国普遍采用 TBM 施工连续皮带机出渣技术提供了参考依据。

此后,新疆八十一达坂隧洞工程、四川锦屏二级水电站工程、云南那邦水电站工程、兰渝铁路西秦岭隧道工程、甘肃引洮工程、青海引大济湟工程、陕西引红济石工程和重庆地铁等大批 TBM 工程项目相继开工建设,大多采取国外 TBM 制造商与中国装备制造企业和施工单位联合设计制造,在国内工厂组装调试的模式。与此同时,我国 TBM 施工队伍不断壮大,陆续有 10 多家施工企业具有了独立 TBM 施工经验。

该阶段我国 TBM 发展主要特点:呈现出与国外 TBM 制造商联合设计制造、自主施工工程发展迅速的特点,改变了以往传统钻爆法和 TBM 法选择时存在争议与迟疑的局面,使我国在 TBM 设计制造技术、施工技术和人才队伍建设上有了扎实的积累和跨越式进步。

5. 第五阶段

自 2015 年以后,实现 TBM 国产化,面向国内外 TBM 工程市场实行自主施工。我国自主研发的具有代表性的 TBM 类型如表 4-2 所示。

表 4-2 我国自主研发的代表性 TBM 一览

年份	TBM 类型	直径/m	应用工程	研制单位
2015	敞开式	7.93	引松供水工程	中铁工程装备集团有限公司、中国铁建重工集团股份有限公司
2016	双护盾	5.47	兰州市水源地建设工程	中铁工程装备集团有限公司、中国铁建重工集团股份有限公司
2016	敞开式	3.50	黎巴嫩大贝鲁特引水工程	中铁工程装备集团有限公司
2017	双护盾	开挖直径 6.50	深圳地铁 10 号线	中铁工程装备集团有限公司
2017	双护盾	开挖直径 5.56	伊朗西南部引水工程	中国铁建重工集团有限公司

该阶段我国 TBM 发展主要特点:中国 TBM 进入新的发展阶段,实现敞开式 TBM、双护盾 TBM、单护盾 TBM 主要机型国产化设计制造,不仅面向中国未来 TBM 巨大市场,而且已开始进军国际 TBM 工程市场。

三、盾构法

(一)概念

盾构法是暗挖施工中一种全机械化的施工方法,在我国习惯上将用于软土地层的全断面隧道掘进机称为盾构机,它由稳定开挖面、盾构机挖掘和衬砌三大部分组成。盾构法施工是将盾构机械在地中推进,通过盾构机外壳和管片支承四周围岩防止发生往隧道内的坍塌,同时在开挖面前方用切削装置进行土体开挖,通过出土机械运出洞外,靠千斤顶在后部加压顶进,并拼装预制混凝土管片,形成隧道结构的一种机械化施工方法。

盾构机与 TBM 的主要区别就是其具备泥水压、土压等维护掌子面稳定的功能。盾构法施工主要由稳定开挖面、掘进及排土、管片衬砌及壁后注浆三大要素组成,其中开挖面的稳定方法是盾构机工作原理的主要方面,也是盾构机区别于 TBM 的主要方面。

(二)施工技术发展史

1. 国外盾构法施工技术发展史

盾构法修建隧道已有 150 余年的历史。最早研究盾构法施工的是法国工程师 M. I. 布律内尔,他从观察船蛆在船的木头中钻洞,并从体内排出一种黏液加固洞穴的现象得到启发,在 1818 年开始研究盾构法施工,并于 1825 年在英国伦敦泰晤士河底用一个矩形盾构机建造了世界上第一条水底隧道(宽 11.4 m、高 6.8 m)。该水底隧道在修建过程中遇到很大困难,两次被河水淹没,直至 1835 年使用了改良后的盾构机,才于 1843 年完工。

1847 年,在英国伦敦地下铁道城南线施工中,英国人 J. H. 格雷特黑德第一次在黏土层和含水砂层中采用气压盾构法施工并第一次在衬砌背后压浆来填补盾尾和衬砌之间的空隙,创造了比较完整的气压盾构法施工工艺,为现代化盾构法施工奠定了基础,促进了盾构法施工的发展。

20 世纪 30—40 年代,仅美国纽约就采用气压盾构法成功建造了 19 条水底的道路隧道、地下铁道隧道、煤气管道和给水排水管道等。1897—1980 年,德国、日本、法国、苏联等国把盾构法广泛用于地下铁道和各种大型地下管道施工。

1969 年起,英国、日本和西欧各国开始发展一种微型盾构施工法,盾构机直径最小只有 1 m 左右,适用于城市给水排水、煤气、电力和通信电缆等管道施工。

2. 我国盾构法施工技术发展史

中国于第一个五年计划期间,首先在辽宁阜新煤矿用直径 2.6 m 的手掘式盾构机进行了疏水巷道施工。修建的第二条黄浦江水底的道路隧道,水下段和部分岸边深埋段采用盾构法施工,盾构的千斤顶总推力为 108 MN,采用水力机械开挖掘进。在上海地区,除采用盾构法修建水底的道路隧道外,还修建了地铁区间隧道、通向河海的排水隧洞、取水管道、地下通道等。

(三)盾构法施工的特点

盾构机是暗挖施工隧道的专用工程机械,具有一个可以移动的钢结构外壳(盾壳),内装有开挖、排土、拼装和推进等机械装置,可实现开挖、支护、衬砌等多种作业一体化施工,广泛应用于地铁、铁路、公路、市政、水电隧道工程建设。

盾构机集液压、机电控制、测控、计算机、材料等各类技术于一体,属于技术密集型产品。目前,在欧美等工业发达国家使用盾构机进行施工的城市隧道占 90%以上。盾构法施工普遍具有以下优点和缺点。

1. 盾构法施工的优点

(1)在盾构支护下进行地下工程暗挖施工,不受地面交通河道、航运、潮汐、季节、气候等条件的影响,能较经济合理地保证隧道安全施工。

(2)盾构机的推进、出土、衬砌拼装等可实现自动化、智能化和施工远程控制信息化,掘进速度较快,施工劳动强度较低。

(3)施工中没有噪声和扰动,地面人文自然景观可以受到良好保护,不影响地面交通与设施,穿越河道时不影响航运,同时不影响地下管线等设施。

(4)在松软地层中,开挖埋置深度较大的长距离、大直径隧道,具有经济、安全等方面的优越性。

2. 盾构法施工的缺点

(1)盾构法施工时不可后退。

(2)盾构机械造价较昂贵,隧道的衬砌、运输、拼装、机械安装等工艺较复杂。

(3)在饱和含水的松软地层中施工,地表沉陷风险极大。

(4)需要设备制造、气压设备供应、衬砌管片预制、衬砌结构防水及堵漏、施工测量、场地布置、盾构转移等各项施工技术配合,系统工程协调难度大。

(5)建造短于 750 m 的隧道没有经济性。

(6)隧道曲线半径过小或隧道埋深较浅时,施工难度大。

(7)施工环境较差。

四、顶管法

（一）概念

顶管法是指隧道或地下管道穿越铁路、道路、河流或建筑物等各种障碍物时采用的一种暗挖式施工方法。

顶管法属于非开挖施工，是一种不开挖或者少开挖的管道埋设施工技术，它不需要开挖面层就能穿越公路、铁道、河川、地面建筑物、地下构筑物及各种地下管线等。顶管法施工工序是：在工作坑内借助顶进设备产生的顶力克服管道与周围土壤的摩擦力，将管道按设计坡度顶入土层中，并运走土方。一节管道顶入土层中后，接续顶进第二节管道，这样依序顶入各节管道并做好接口，建成涵管。其原理是借助主顶油缸、管道间及中继间等推力，把工具管或掘进机从工作坑内穿过土层一直推进到接收坑内吊起。管道紧随其后，埋设在两坑之间，以实现非开挖敷设地下管道。

（二）施工技术发展史

顶管法施工是继盾构法施工之后发展起来的地下管道施工方法，最早应用于1896年美国北太平洋铁路铺设工程，20世纪60年代在世界各国推广应用。1970年，德国汉堡下水道混凝土顶管，直径2.6 m，一次最大顶进距离1 200.0 m，为国外首次最大顶距。近些年，日本研究开发土压平衡、水压平衡顶管机等先进顶管机头和工法。

20世纪50年代我国在北京、上海开始试用顶管法。1986年，上海穿越黄浦江输水钢质管道，应用计算机控制、激光导向等先进技术，单向顶进距离1 120 m，顶进轴线精度：左右（-150，+150）mm，上下（-50，+50）mm。1981年，浙江镇海穿越甬江管道，直径2.6 m，单向顶进581.0 m，采用5只中继环，上下左右偏差（-10，+10）mm。1997年，上海黄浦江上游引水工程长桥支线钢管顶管，直径3.5 m，一次最大顶进距离1 743.0 m，创造了钢管顶管世界纪录。2001年，浙江嘉兴污水钢筋混凝土顶管，直径2.0 m，一次最大顶进距离2 050.0 m，创造了混凝土顶管世界纪录。

（三）顶管机分类

1. 按顶管口径大小分类

按顶管口径大小分为大口径、中口径、小口径、微型顶管四种。大口径顶管直径多在2.000 m以上，人可以在其中直立行走；中口径顶管直径多为1.200~1.800 m，人在其中需弯腰行走，大多数顶管为中口径顶管；小口径顶管直径为0.510 m，人只能在其中爬行，甚至爬行都比较困难；微型顶管直径通常在0.400 m以下,最小的只有0.075 m。

2.按顶进工作坑和接收工作坑之间的距离分类

按顶进工作坑和接收工作坑之间的距离分为普通距离顶管和长距离顶管。顶进距离长短的划分目前尚无明确规定,过去多把100 m左右的顶管称为长距离顶管,目前千米以上的顶管已屡见不鲜,可把500 m以上的顶管称为长距离顶管。

3.按顶管机平衡原理分类

按顶管机平衡原理可分为泥水平衡式顶管机、土压平衡式顶管机、泥浓式推盾机及多功能顶管机等。

4.按顶管管材分类

按顶管管材分为钢筋混凝土顶管、钢管顶管及其他管材顶管。

5.按顶管顶进轨迹分类

按顶管顶进轨迹分为直线顶管和曲线顶管。

(四)施工方法分类

顶管法施工常采用敞开人工手掘式(开放型)顶管和密封机械式(密封型)顶管,其中密封机械式顶管常用的施工方法有泥水平衡式和土压平衡式两种,常用管材有混凝土管、钢管、玻璃夹砂钢管。采用的主要设备为信息化及全自动化泥水平衡顶管机。

(五)施工特点

(1)适用于软土或富水软土层。

(2)先进顶管施工时不用封路施工,工作井与接收井布设于闲置之处,顶进过程中路上交通可照常通行。

(3)不需要开挖、回填和路面修复,与大开挖施工相比,能降低工程总造价。

(4)泥水循环法施工避免了泥水横溢和稀泥乱堆放的不良现象,确保自然环境不受污染,做到文明施工。

(5)先进顶管法是全自动遥控,不需要工人在管道内工作,既能减轻工人的劳动强度,也能保证工人安全。

(6)先进顶管推进过程中掘进机及管道周围土层压力介于主动土压力与被动土压力之间,对原土干扰极少,不会导致路面沉降以至产生裂纹,避免了路面重修。

(7)噪声和振动低,城市中施工对居民生活环境干扰小,不影响现有管线及构筑物使用。

(六)适用土质

1. 常见的几种土质

1)淤泥质黏土

此种软土在较弱海浪岸流及潮汐水动力的作用下逐渐形成,土的颜色多呈灰色或黑灰色,光润油滑且有腐烂植物的气味,多呈软塑或半流塑状态。其天然含水量很大,一般大于30%,饱和度一般大于90%,液限一般在35%~60%,天然重度较小,在15~19 kN/m。孔隙比都大于1。因其天然含水量高、孔隙比大,具有地基变形大、强度低的特点。

2)砂性土

因曾受海水冲击,部分地区沉积层含有海水搬运的大量沉积物,其中主要为细砂及粉砂,含黏土成分较少,称为砂性土。砂性土的土颗粒较一般黏土大,大都在20 μm上,土颗粒之间的内聚力较小,呈单粒结构,孔隙比较大,很容易在水动力作用下产生流砂现象。

3)黄土

凡以风力搬运沉积、没有经过次生扰动、含有碳酸盐类的无层理黄色粉质,并具有肉眼可见大孔的土状沉积物称为黄土(也称原生黄土),其他成因、常具有层理和夹有砂、砾石层的黄色土状沉积物称为黄土状土(也称次生黄土)。

4)强风化岩

强风化岩是指风化很强的岩石,其大部分组织结构已破坏,矿物成分明显变化,含有大量黏土质矿物,风化裂隙很发育,岩体被切割成碎块,干时用手可折断或捏碎,浸水或干湿交替时较迅速地软化或崩解。用镐或锹可挖掘,干钻可钻进。

5)微风化及中风化岩

微风化岩是指岩质新鲜、表面稍有风化迹象、强度大于50 MPa、硬度很高的岩石,在此地层中顶进较困难,且一般顶进距离超过100 m时需更换刀头。中风化岩较软,其组织结构部分破坏,矿物成分发生变化,用镐难挖掘。

2. 顶管施工法适用土质

(1)易产生流砂现象的砂性土可根据其含水量及标准贯入度(N值)选用土压式推进法和泥水式推进法。标准贯入度较小时可选用多刀盘土压平衡式掘进机,标准贯入度较大时可选除多刀盘土压平衡式掘进机和敞开式掘进机外的各种掘进机。

(2)黄土土质可根据其含水量及N值分别选用敞开式掘进机、单刀盘土压平衡式掘进机和偏心破碎泥水平衡式掘进机。

(3)当强风化岩含水量较少、N值大于18、地下水位低于顶进管道时,可选用敞开式掘进机,否则选用单刀盘土压平衡式掘进机和偏心破碎泥水平衡式掘进机。

(4)如顶进管道轴线附近可能存在大石块、桩基础等不明障碍物,宜选用排障方便、成本低廉的敞开式掘进机,地下水位较高时可采取井点降水等辅助施工方法。

(5)对于中风化岩及弱风化岩,当地下水含量较高时只能选用岩盘掘进机,该机型的刀头类似牙轮钻,可在岩石中顶进,也是一种全土质机型,但该机型价格很高。

第二节　爆破作业技术

在爆破技术中,炸药及起爆器都会对爆破的效果产生很大影响。与此同时,要想使爆破效果得到充分发挥,还应当采用机械设备来进行辅助,确保工程的顺利进行。在此基础上,需要在进行施工的过程中运用现代化的科学技术,使爆破技术能够实现进一步发展。

一、影响因素

(一)地质条件

就水文地质条件而言,施工区域围岩的特性会直接影响引水隧洞爆破施工的整体质量。在进行爆破开挖时,倘若围岩构造存在裂缝发育,就很可能会在断层等软弱结构上出现破裂线开裂的情况,从而造成超挖。部分围岩均质性较差,软岩与硬岩共存,在爆破开挖的过程中软岩部分就容易出现超挖的情况。在爆破过程中,围岩岩体的风化部分及硬度不高的部分可能难以根据预设的起爆线爆破,从而造成超挖的情况。在实际施工时,水文地质条件问题所导致的超挖具有较高的破坏性,超挖的控制难度较大,对于工程的施工安全具有严重影响,因此也是水利工程施工中应当重视的问题。

(二)施工条件

爆破技术有着较高的难度,其对操作技术及施工管理有严格要求,倘若在进行施工时操作不够规范或是没有做好管理工作,就很容易造成超挖问题。一般而言,造成超挖的施工因素主要包括:①在施工准备阶段,未严格依据规范要求测量围岩,导致放线环节出现超放,或是在开挖轮廓线的过程中没有结合相关规范要求，导致爆破开挖的过程中发生超挖；②在钻孔过程中没有依据规范合理操作，致使钻孔偏离孔位，使孔位不平行，孔底也未处于一个开挖平面上；③在爆破开挖的过程中，因各方面因素而导致欠挖，在对欠挖进行处理的过程中因操作过度而发生超挖。

（三）爆破技术

在爆破开挖的过程中，除了地质条件与施工条件方面的因素，爆破作业参数同样会对隧洞爆破的质量产生影响。①循环开挖进尺是非常关键的作业参数，在周边眼外偏角没有变化的情况下，每循环开挖进尺越大，钻孔孔底将偏离设计轮廓，致使超挖偏离开挖设计轮廓越大。②周边眼间距不满足相关要求。在对间距进行设计的过程中没有结合围岩特性，致使孔间距缺乏合理性，倘若孔间距太大，会因爆破没有按照设计轮廓线开裂而出现欠挖。③最小抵抗线设计不科学。倘若所设计的最小抵抗线不合理，那么在进行爆破时就容易因爆破力太大而造成超挖。④爆破药量不满足要求。在对爆破药量进行设置的过程中，没有结合围岩的特征及爆破试验数据，对装药参数的计算不正确。在实际进行爆破的过程中，未按照爆破效果来合理调整炸药爆破参数，进而出现爆破超挖的问题。⑤没有采用正确的装药形式。在炮孔直径没有变化的情况下，倘若药卷直径太大，需要进行间隔装药，以免在爆破的过程中对炮孔壁造成太大压力，致使炮孔附近围岩粉碎度太大而造成超挖。

二、爆破控制要点

（一）加强围岩地质条件的勘查工作

一般而言，围岩地质条件是客观的，通常是爆破参数确定的主要依据。在开展引水隧洞施工的过程中，围岩的地质条件可能处在不断的变化中，溶洞、软弱夹层等不良地质情况时有发生，这些都会直接影响到隧洞施工的质量。所以，在开挖隧洞时，一定要充分结合围岩节理、裂隙等的具体情况，合理调整钻孔角度、钻孔位置和附近孔的参数等，使隧洞开挖的效率及质量可以得到有效提高，避免在隧洞开挖过程中出现超欠挖的现象。

（二）做好对炮眼深度与精度的控制

在确定炮眼深度的过程中，通常应当综合考虑隧洞地质条件、单循环作业时间、施工组织能力及工期等各方面因素，同时还要针对循环进尺实施合理的优化，保证隧洞的施工可以顺利进行。在对隧洞进行开挖的过程中，必须严格标注打点定位孔，明确打点距离，每打下一个孔，都应当参照上一孔位确定方向,并且还要保证钻孔深度的一致,使孔底能够处在相同的平面。

(三)提升测量放线的精度

为了防止在引水隧洞爆破开挖工程中出现超欠挖的问题,应当严格控制开挖轮廓线的精度。在实施测量放线前,应当充分了解并把握相关的设计文件,在掌握断面各部位尺寸的同时,还需要注重预留沉降量及变形量。除此之外,倘若标高与中线发生了偏移,就容易使断面轮廓偏向一侧,从而使开挖断面的一侧欠挖或是一侧超挖,所以必须尽可能地保证标高与中线的准确性。

(四)合理运用爆破技术

在对引水隧洞进行开挖时,应用广泛的爆破技术主要指的是爆破方法、爆破器材、爆破参数及装药方法等。在实际应用当中,不同的爆破方法、爆破器材、爆破参数及装药方法等,都会在不同程度上造成隧洞超欠挖的情况。光面爆破的效果与一般爆破的效果进行对比分析能够得知,在整体效果方面,光面爆破有着更大的优势。在实际应用中,光面爆破既能够保证开挖面符合设计轮廓线的相关要求,还能够减小对围岩所造成的扰动影响。依据"新奥法"的原则开展隧洞爆破施工,采取预裂爆破或光面爆破等的控制措施,能够防止在小断面引水隧洞开挖中出现超欠挖的问题。

(五)重视现场施工管理

在引水隧洞施工的过程中,对现场施工所进行的严格管理,是减少超欠挖现象出现概率最为有效且最为根本的方法。在进行施工时,需要建立健全、完善的质量管理保证体系,针对各环节的施工质量实施合理的控制,同时为试验、测量,以及质检体系配备态度端正、认真负责、技术水平高且有责任意识的工程技术人员,从而使施工管理工作的效率与质量变得更高。在正式开展隧洞爆破施工前,还应当进行相关的技术交底工作,加大对技术人员的培训与教育力度,严格依据规定要求的循环进尺与开挖步骤展开施工,这不但能够实现对各开挖工序的有效衔接,还能够减小隧洞超欠挖问题出现的可能性。根据科学的经济指标对各施工班组实施考核,以考核结果为依据予以相应的奖励与惩罚。除此之外,施工精确性与严肃性的提高,在保证隧洞开挖施工顺利进行的同时,还有助于对引水隧洞爆破施工质量的有效控制。

(六)培养高素质施工人员

要培养高素质的爆破施工人员,需要以下几个方面的努力。

(1)教育培训。提供专业的培训课程,包括安全知识、爆破原理、器材使用、计算等方面的内容,让学员掌握必要的理论知识和技能。

(2)实践训练。通过实践操作,让学员熟悉各种爆破技术,掌握正确的操作方法和技巧,提高实际应用能力。

(3)考核评估。定期对学员进行考核评估,发现问题及时纠正,并给予适当的奖励或惩罚,激励学员积极学习和进步。

(4)经验交流。组织爆破施工人员之间的经验交流,分享经验和教训,促进彼此之间的学习和成长。

(5)安全意识教育。加强安全意识教育,让学员认识到爆破施工的风险和危险性,培养正确的安全意识和行为习惯。

(6)团队建设。注重团队建设,培养团队合作精神和沟通能力,让爆破施工人员能够协同工作,共同完成任务。

三、爆破施工工艺流程

爆破施工工艺流程如图4-4所示。

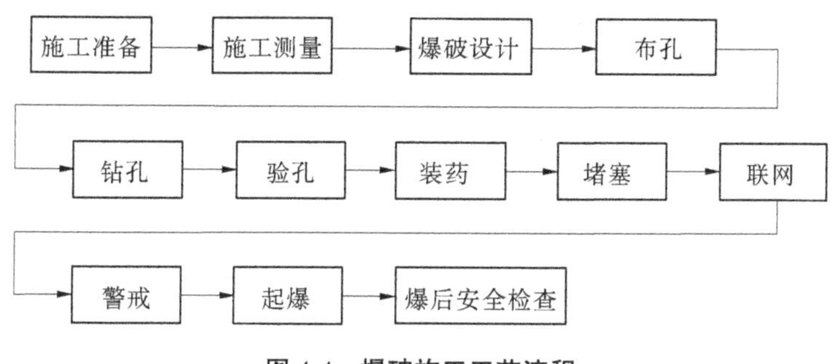

图4-4 爆破施工工艺流程

(一)施工准备

上一个循环作业完成之后,立即对作业面进行清洁工作。准备工作还包含底孔炮位人工清洁与风、管道及电牵引机械就位等工作。

(二)施工测量

为确保隧洞挖掘满足规划设计要求,每个钻孔挖掘之前要开展测量放线工作。借助全站仪开展全断面测量,测得断面附近的轮廓,使用红油漆在挖掘断面上进行标注。

(三)爆破设计

为了维持隧洞围岩的安全,保障岩面平整,减少扰动附近围岩,降低超挖与规避欠挖的情况,隧洞一般借助光面爆破的形式进行作业。光爆孔在钻孔时先在断面轮廓线上进行挖掘,填药借助导爆索不耦合线装填体系,孔的底层适当提升炸药的使用量。主爆孔借助非电毫秒雷管进行爆破,附近光爆孔借助导爆索线填药光面爆破,选用微差起爆的形式。起爆次序:掏槽孔、辅助孔,最终才是光爆孔,毫秒非电雷管区段延时为25~50 ms。作业环节中,依照地质状况管理好最大单响的炸药总量。

(四)布孔

作业人员依照测定出的腰线、轴线、轮廓与爆破数据表展开布孔,炮孔孔位使用红油漆进行标注,与对应的钻爆小组进行技术交底工作。

隧洞挖掘造孔大致可以分成掏槽孔、爆破孔及周边光爆孔三种。

(五)钻孔

钻孔借助凿岩机进行,作业前进行技术交底。在确认孔位准备无误后开始作业。钻孔环节中,作业人员要逐一检测钻孔角度、深度区间、排距形式等控制性技术数值,出现错误及时修正。

(六)验孔

钻孔质量是爆破环节的关键。质检人员检测炮孔深度、孔间距、排距、角度、轮廓线等爆破数据是否和设计爆破数据表相吻合,做好检测记录工作,最终上交至爆破工程师处。经过核查不符合质量标准的钻孔,要求重钻或者进一步处理,确保爆破的最佳成果。

(七)装药

炮孔查收符合标准值后,由持有爆破证的专业炮工依照作业流程填药。填药环节中,依照爆破标准控制装药总量。

(八)堵塞

填药完成后,爆破员依照规定标准用黄泥等柔性材质进行堵塞工作,并使用炮棍夯实。

(九)联网

爆破员依照规划联线起爆网络。爆破网络处在松弛的形态之下,不可拉得太紧密,要有一定的拉伸空间。

(十)警戒

洞挖爆破飞石安全间距不得低于200 m。在爆破环节中,爆轰波由掌子面向洞口快速传递,没有被及时找到的危石碎块很有可能会受到振动而垮塌。所以,起爆之前全部作业人员都应当远离隧洞口,作业设备、装置做好对应和安全保护工作,并警示3次。

(十一)起爆

预警结束,爆破队长在确定各个准备环节完成之后,现场人员撤离警戒区、建设装置,做好对应的防护工作之后,进行爆破。

(十二)爆后安全检查

爆破完成,等到灰尘散退之后,爆破队长进入掌子面开展对应的检测,发现拒爆状况应当及时进行处理。待确定工作面安全之后,解除警报,进行下一步的施工作业。

四、注意事项

通过实践发现,引水隧洞爆破开挖技术的应用环境往往非常复杂,因此要想确保爆破工作能够顺利实施并取得良好的效果,就应当在采用此技术进行作业的过程中对各方面的问题高度重视。

第一,需要通过合理、可靠的方法对施工材料进行安置。第二,制度方面的内容。需要技术人员严格遵循管理制度的各项规定,管理人员要发挥自身的带头作用,确保相关责任能够落实到所有人员的具体工作当中,这需要做到以下三点:①加强操作人员安全规范意识,避免出现安全事故问题;②对日常工作中的重点防范工作高度重视,确保隧洞爆破开挖可以顺利实施,同时尽可能减小爆破作业的风险;③技术人员需要及时分析爆破出现超挖、欠挖等问题的原因,同时还要全面排查问题出现的根本原因,为今后工作的进行提供更好的条件。

此外,在开展引水隧洞爆破开挖作业的过程中,必须对爆破的区域高度重视,以严谨、负责的态度进行正确选择。在正式开展作业以前,需要针对爆破区域和附近的环境、地质条件等实施全面的检查。在开展引水隧洞爆破开挖的过程当中,不但要尽可能提高爆破的安全性与稳定性,还需要确保爆破开挖的质量,做好对爆破现场等的清理工作,完成清理以后再实施爆破作业,确保隧洞爆破工作能够在开展的过程中顺利无阻。这些都是在应用引水隧洞爆破开挖技术的过程中必须高度重视的事项,只有完全做好了这些方面的工作,才可以真正做好爆破开挖工作。

第三节　钻孔、灌浆施工技术

钻孔、灌浆施工是一种重要的工程技术,主要用于提高水利工程的稳定性和防止渗漏。该施工方法包括钻孔、洗孔、灌浆管埋设、灌浆、养护等步骤。通过钻孔、灌浆施工,可以有效地加固隧洞围岩,提高其承载能力和稳定性,同时也可以防止渗漏和侵蚀。

一、钻孔施工

钻孔主要包括冲击钻孔、回转钻削成孔及冲抓钻孔等施工方法。

(一)钻机的安装和定位

安装钻机之前要对钻机安装基础进行平整,这样才能保证钻机工作稳定。同时,平整的基础还可以消除钻机工作过程中振动导致的倾斜、偏心等质量问题。因此,通常在钻机安装之前要对钻机基础进行平整和加固。

在钻孔安装过程中,为了避免出现桩位不准的问题,应该对钻机安装的中心位置予以确定,然后在处理好的基础上安装钻机。设置有钻塔的钻机,可以通过周围地笼与钻机动力的配合实现钻杆的基本定位。之后再用千斤顶将钻机支撑起来,进行精确定位,确保滑轮、钻头、护筒及卡孔处于同一垂直线上。由于钻机的偏差较小(要求<2 cm),可在桩位对准之后再用枕木垫平,并在钻机的轴线上拉设缆风绳。

(二)护筒的埋设

当钻孔较深时,处于地下水位之下的孔壁土壤会在静水压力下朝孔内坍塌,甚至出现流砂现象。为了防止地下水位过高的水头使孔内静水压力增加,避免孔内土壤的坍塌,需要在孔内安装护筒,同时护筒还要兼具隔离地表水、加固孔口土壤、固定桩孔位置等作用。在选择护筒的过程中,一般要求坚固耐用、不漏水,其内径通常要大于钻机的孔径,且一般采用钢护筒。

(三)钻孔泥浆的制备

钻孔泥浆主要由水、黏土及添加剂等构成。其有冷却钻头、润滑钻具,以及增加静水压力等作用,同时在孔壁形成泥皮,阻断孔内水流外渗,具有加固孔口的作用,能达到防止孔口坍塌的目的。

(四)钻孔作业

钻孔作业应该根据施工工艺过程进行严格控制,这样才能保证钻孔的整体质量。在钻孔作业的过程中,要注意开孔的质量,为此在钻孔作业过程中要对准中线,确保垂直度,安置好护筒。与此同时,在施工过程中要注意持续地将泥浆注入其中,并及时进行抽渣,随时确保钻孔的垂直度,避免其出现偏斜。为了避免附近孔口受到振动,应及时清理孔洞,并将钢筋笼放置孔中,及时地灌注混凝土。钻孔作业过程中一般可以采用顺序钻孔的方式。

(五)清孔及质量检查

除了在钻孔作业过程中要保证钻孔达到设计的直径、深度,还应该保证孔位、孔深、孔径及孔形的质量。同时,还应该及时地对成孔进行清理,避免钻孔作业时间过长导致的泥浆沉淀，最终造成孔口坍塌。当发现钻孔壁容易坍塌时，应该在灌注混凝土之前对沉渣进行清理，保证其厚度<30 cm；当钻孔壁较为稳固时，应该保证沉渣厚度≤20 cm。

二、灌浆施工

（一）浆液材料要求

灌注液体常由多种材料以合理比例配制而成，一般为水、水泥及添加剂等，还可以加入适量的膨化材料以防液体收缩。浆液制作好后养护一周，并合理控制抗压强度的范围，浆体长度控制在 7.07 cm，宽度控制在 1.50 cm。同时，要维护好浆体的保水性、和易性及可泵性。灌浆时，控制浆液流动度<26 s，对未添加减水剂的水泥浆，要求其流动度>16 s，而对添加减水剂的水泥浆，则要求其流动度为 12 s。浆体流动度不宜过小，多控制在 20~30 s。由此可知，在浆体中添加减水剂为制作浆液的最佳方案。

（二）灌浆方式

在灌浆的实际操作中，常以如下两种方式来完成灌浆：①孔内循环。注浆于管中心部位的空白区域。②孔口循环。液体的纯压力灌注。

1. 循环式灌浆

循环式灌浆可以提升孔内液体的流动性，从而防止由于颗粒下沉而堵塞管道。

2. 纯压式灌浆

应用纯压式灌浆能够沿着灌浆管将浆液直接压进钻孔，不必采用循环式灌浆。当建筑物层面出现较大的裂缝时便可选择此种灌浆方式，但必须注意灌浆孔要处在 10~12 m，不宜过深，要选择浓度较高的浆液进行灌注。虽说此种灌注方式具有许多优势，但也有不足之处，会使浆液难以冲出缝隙，从而减慢灌注速度而致使工程延期。

（三）灌浆方法

1. 由下而上分段法

此种灌浆方法指的是以 3~5 m 为一个节段分段灌注，若选择分段塞孔灌注则务必要配置好灌浆塞，而且要在灌注过程中确保中下段与上段能够连续展开，从而减少在此期间搬运灌浆机械设备的时间，提升灌浆施工的进度。值得注意的是，此种灌注方法仅仅适用于岩层比较坚硬且岩层倾角偏小的条件，因此在实际施工中若不满足上述条件，施工人员便需及时完善施工规划。

2. 一次灌注法

一次灌注法指的是一次性完成对灌浆孔的灌浆处理。因此,灌浆操作者必须确保灌浆孔深度<10 m、建筑物裂缝小且透水性小。如果灌浆孔内不同位置的压力大小不一,则必须舍弃此种方法,可以选择分段灌浆法完成浆液的灌注操作。

3. 由上而下分段法

由上而下分段法适宜在破碎岩层区域展开,此种方法要求高压灌注。采取此种灌注方法,当灌注孔钻至3~5 m深时,施工者便需仔细清洗该处灌注孔,而且在确定上段浆液彻底凝固以后才可以继续展开下端的钻孔及灌浆操作。这种方法在施工期间极易浪费工作时间,而且与之有关的灌浆机械设备需要频繁移动,会拖延施工进度。

三、灌浆施工工艺

(一)施工工艺流程

1. 固结灌浆工艺流程

施工准备—灌浆钻孔—钻孔冲洗—简易压水试验—灌浆施工—封孔—灌浆施工质量检查。

2. 回填灌浆工艺流程

施工准备—灌浆钻孔—清理灌浆孔—灌浆施工—封孔—灌浆施工质量检查。

(二)施工方法

1. 施工准备

施工前测量人员根据施工图纸对灌浆孔进行编号并放样,且在混凝土上标记清楚序号及孔号。

风、水、电、施工材料、施工机械等一切准备就绪后进行后续施工。

2. 钻孔灌浆设备

采用合适的钻机钻头进行钻孔,可以采用硬质合金钻头,搅拌机拌制灰浆,多缸活塞式灌浆机灌浆。

所有钻孔按设计图纸统一编号、放点,开孔孔位偏差不大于10 cm,孔径、孔深不小于设计及规范要求。

3. 钻孔冲洗和裂隙冲洗

钻孔冲洗:钻孔完成并经验收合格后,采用大水流或压缩空气冲洗钻孔,清除孔内岩渣屑,冲洗后孔底残留物厚度不大于20 cm。

裂隙冲洗:灌浆前采用压力水进行裂隙冲洗,冲洗压力采用灌浆压力的80%,灌浆压力超过1 MPa的,则冲洗压力采用1 MPa,冲洗时间为20 min。

当邻近有正在灌浆的孔或邻近灌浆孔结束不足24 h时,不得进行裂隙冲洗。

钻孔冲洗方法根据不同的地质条件,通过现场灌浆试验确定。

灌浆孔(段)裂隙冲洗后,该孔(段)立即进行灌浆作业,因故中断时间间隔超过24 h的,在灌浆前重新进行裂隙冲洗。

4. 简易压水试验

每个分洪隧洞段分别选5%的灌浆孔在灌浆前进行简易压水试验。

压水可结合裂隙冲洗进行。压水压力为灌浆压力的80%,该值若大于0.2 MPa,则采用0.2 MPa。压水20 min,每5 min测读一次压入流量,取最后的流量值作为计算流量,其成果以透水率表示。

5. 灌浆施工

灌浆施工前安设抬动检测装置,在灌浆过程中进行连续观测并记录,抬动值必须在设计允许范围内。

1)灌浆要求

灌浆孔采用单孔灌注,对相互串通的灌浆孔采用并联灌注,并联孔数不多于3个(不适用于软弱地质结构面和结构敏感部位)。

灌浆段在洗孔压水结束后应及时进行灌浆作业,因故中断时间间隔超过24 h的,灌浆前应重新进行裂隙冲洗、压水试验。

灌浆结束后一般不待凝,可直接进行下一段钻灌作业。当遇断层破碎带等特殊情况时,灌浆结束后应进行待凝处理,待凝时间为12~24 h,具体依据实际情况确定。

回填灌浆分二序进行,一序孔灌注水灰比为0.5∶1.0的水泥浆,二序孔为顶孔,根据吸浆量灌注水灰比为1∶1和0.5∶1.0两个比率的水泥浆,空隙较大部位应灌注水泥砂浆,掺砂量不大于水泥重量的200%。

2)浆液水灰比

灌浆施工可以采用42.5R级普通硅酸盐水泥,水灰比可分3∶1、2∶1、1∶1、0.5∶1.0四个比率,开始灌浆水灰比为3∶1,并遵照浆液由稀到浓的变换原则。

3)变浆标准

(1)当灌浆压力保持不变,注入率持续减少,或当注入率保持不变而灌浆压力持续升高时,不能改变水灰比。

(2)当某一比率的浆液注入量已达300 L以上,或灌注时间已达30 min,

而灌浆压力和注入率均无显著改变时，换浓一级水灰比浆液灌注。

(3)当注入率大于 30 L/min 时，可视具体情况越级变浓水灰比。灌浆过程中，浆液变换及灌浆结束时必须测记浆液密度，其测值应反映在灌浆原始记录中。

(4)灌浆压力。回填灌浆压力为 0.2～0.3 MPa，固结灌浆压力为 0.5 MPa。灌浆压力应尽快达到设计压力，但对断裂构造发育、注入率较大的孔段可采用分级升压方式逐级升压至设计压力，具体操作时可以压水试验压力为基础，按每 0.05 MPa 为一级，逐级升压至设计压力。分级升压时，每级压力的纯灌时间不应少于 15 min。

(5)灌浆结束标准。回填灌浆在规定的条件下，灌浆孔停止吸浆，延续灌注 10 min 即可结束。固结灌浆孔结束灌浆后，排除钻孔内的积水和污物，采用全孔灌浆法封孔，孔口空余部分用干硬性砂浆填实抹平。

6. 封孔

水泥注浆结束后，采用机械封孔，应排除孔内的积水和污物，压力采用该孔段最大灌浆压力，水灰比采用 0.5∶1.0 的比率。在设计规定压力下，停止吸浆，持续灌浆 30 min，该孔封孔即可结束，再采取孔口闭浆待浆液达到初凝，最后用砂浆进行人工封孔，保证孔口抹平、光滑，并与混凝土表面齐平。

(三)灌浆检查

(1)固结灌浆及回填灌浆检查孔的数量应不少于灌浆孔总数的 5%。固结灌浆质量检查在该部位灌浆结束 3 d 后进行，采用压水试验法，检查孔控制标准为透水率 $q \leq 10$ Lu，85%以上试段的透水率不大于设计规定值(10 Lu)；其余试段的透水率不超过设计规定值的 150%，且分布不集中的，灌浆质量认定为合格。

(2)回填灌浆质量检查在该部位灌浆结束 7 d 后进行，检查孔布置在顶拱中心线、脱空较大、串浆孔集中及灌浆情况异常的部位，孔深应穿透衬砌深入围岩 10 cm，压力隧洞每 10～15 m 布置 1 个或 1 对检查孔，无压隧洞的检查孔布置根据实际情况可适当减少。向检查孔内注入水灰比为 2∶1的浆液，注浆压力为 0.2～0.3 MPa，初始 10 min 内注入量不超过 10 L 的，为合格。

(四)资料整理

要及时、准确、详细、清楚地整理好灌浆资料，以便监理工程师抽查灌浆质量。原始资料整理的内容有：钻孔资料(反映钻孔过程中岩性变化、塌孔、回水颜色及岩石软硬情况等)、测斜资料、钻孔冲洗资料、压水试验资料、灌浆资料、抬动变形观测资料、钻孔取芯资料等。

第四节　隧洞支护技术

一、支护准备

支护工程应做好以下准备工作：

(1)按施工图纸要求准备好锚杆、钢筋网、型钢及喷射混凝土的黄砂、碎石、速凝剂等原材料，并按规定进行原材料取样试验及喷射混凝土配合比试验。

(2)喷射前对喷射面进行检查，并做好以下准备工作：清除开挖面的浮石、墙脚的石渣和堆积物；处理好光滑岩面；安设工作平台；用高压水枪冲洗喷面，对遇水易潮解的泥化岩层，采用高压风清扫岩面；埋设控制喷射混凝土厚度的标志；洞内作业区应具有良好的通风和充足的照明设施。

(3)喷射作业前，对施工机械设备、风管路、水管路和电线等进行全面检查和试运行。

(4)喷射用风采用系统集中供风；喷射用水采用系统集中供水，以供水支管接至各用水作业面；喷射用电采用系统集中供电，敷设供电支线至各作业面。

(5)在受喷面滴水部位埋设导管排水，导水效果不好的含水层可设盲沟排水，对淋水处可设截水圈排水。

喷射作业前具体施工准备内容及要求如表4-3所示。

表4-3　喷射作业前具体施工准备内容及要求

项目	施工准备内容及要求
材料方面	(1)对水泥、砂、石、速凝剂、水等原材料进行质量检验； (2)砂、石应过筛，并事先冲洗干净； (3)砂、石含水率应符合要求，为控制砂、石含水率，设置挡雨设施，对干燥的砂适当洒水
机械及管路方面	(1)喷射机、混凝土搅拌机、皮带运输机等使用前均应检修完好，就位前要进行试运转； (2)管路及接头要保持良好，要求风管不漏风，水管不漏水，沿风管、水管每40~50 m装1个阀门接头，以便喷射机移动时连接风管、水管

续表 4-3

项目	施工准备内容及要求
其他方面	(1)检查开挖断面,欠挖处要补凿够; (2)敲帮问顶、清除浮石,用高压水冲洗岩面,附着于岩面的泥污应冲洗干净,每次冲洗长度以10~20 m为宜; (3)对裂隙水要进行处理; (4)不良地质处应事先进行加固; (5)对设计要求或施工使用的预埋件要安装准确; (6)备好脚手架,埋设测量喷射混凝土厚度的标志; (7)洞内喷射作业面须有充足的照明,照明灯应罩上铁丝网,以免回弹物打坏照明灯

二、支护类型

(一)锚杆支护

锚杆结构是支护施工中最常见的结构之一,其能够保证隧洞围岩结构的稳定性,在技术人员的不断努力下,锚杆支护方法越来越成熟,在边坡、隧洞、坝体等重要构筑物的主动加固中发挥了重要作用。

1. 锚杆种类及选用

锚杆支护是指在边坡、岩土深基坑等地下工程及隧洞、采场等地下洞室施工中采用的一种加固支护方式。用金属件、木件、聚合物件或其他材料制成杆柱,打入地表岩体或洞室周围岩体预先钻好的孔中,利用其头部、杆体的特殊构造和尾部托板(亦可不用),或依赖黏结作用将围岩与稳定岩体结合在一起产生悬吊效果、组合梁效果和补强效果,以达到支护目的。锚杆支护具有成本低、支护效果好、操作简便、使用灵活、占用施工净空少等优点。根据隧洞围岩地质情况、工程断面和使用条件等不同,锚杆分为以下类型。

(1)全长黏结型锚杆:普通水泥砂浆锚杆、早强水泥砂浆锚杆、树脂卷锚杆、水泥卷锚杆。

(2)端头锚固型锚杆:机械锚固锚杆、树脂锚固锚杆、快硬水泥卷锚固锚杆。

(3)摩擦型锚杆:缝管锚杆、楔管锚杆、水胀锚杆。

(4)预应力锚杆:机械胀壳预应力锚杆、树脂预应力锚杆、水泥药卷预应力锚杆。

(5)自钻式锚杆:根据其钻头类别可分为一字钻头锚杆、十字钻头锚杆和圆锥形钻头锚杆。

施工时,根据隧洞围岩地质情况、工程断面和使用条件,结合设计要求选用锚杆。水工隧洞采用最多的是普通水泥砂浆锚杆或水泥药卷预应力锚杆。

2. 锚杆施工工艺

锚杆施工工艺流程如图4-5所示。

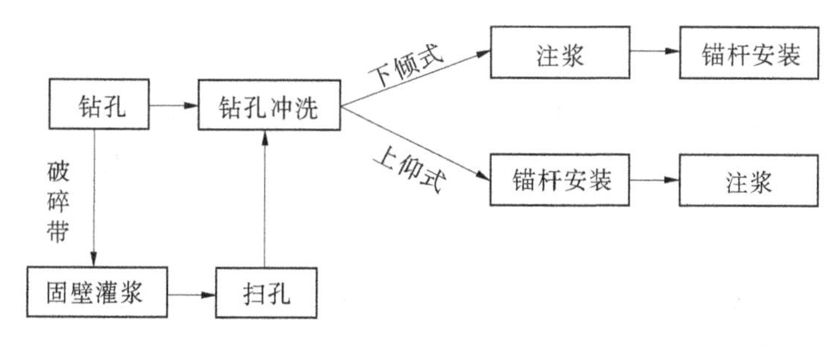

图4-5　锚杆施工工艺流程

3. 锚杆施工质量控制要点

为保证锚杆支护质量,锚杆施工过程中应注意以下质量控制要点。

1)钻孔

(1)测量出钻孔控制点,根据图纸所示间排距确定具体孔位,孔位在任何方向的偏差应小于100 mm,除非监理工程师另有指示,否则钻孔方位偏差不应大于5°。开孔前,在现场技术人员确定孔位、孔向正确后,发出书面或口头通知,方可开孔。

(2)锚杆钻孔一般采用YT-28手风钻造孔,孔径为42 mm。若为下倾孔或深锚孔,采用100B潜孔钻造孔,其钻孔孔径应大于锚杆直径15 mm以上。

2)钻孔冲洗

将吹风管插入孔底,用循环清水或高压水汽混合物冲洗钻孔内的碎石和岩粉,直到回水清洁。

3)注浆

(1)注浆采用MZ-30锚杆注浆机边拌和边注浆。注浆水泥采用42.5号普通硅酸盐水泥,拌和砂浆的时间应不少于3 min。砂浆一经拌和必须尽快使用,拌和后超过1 h的砂浆不能再用。

(2)水泥砂浆配合比按设计配合比配制,一般为水泥:砂:水=1.00:

(1.00~2.00):(0.38~0.45),水灰比为0.30~0.50。

(3)对下倾孔,注浆管应插至孔底不大于1 m处,并从注浆管注浆直至孔口冒浆。在灌浆过程中,若发现有浆液从岩石锚杆附近流出应及时堵填,以免继续流浆。对上仰孔,从孔口灌注浆液,直到安装在孔底的排气管孔口返浆。

4)水泥砂浆锚杆安装

对下倾孔,采用先注浆后安装锚杆的方法,用人工将锚杆尽快插入充满浆液的孔内直到孔底,钻孔直径应大于锚杆直径15 mm以上。对上仰孔,采用先安装后注浆的方法,钻孔直径应大于锚杆直径25 mm以上。

5)锚杆制作

钢筋在使用前必须进行取样试验,合格后方能投入使用。锚杆长度按图纸要求在加工厂下料加工,当锚杆由两根钢筋连接构成时,采用对焊的方式连接。

6)质量检验

开挖岩石表面安装同一种类型砂浆锚杆,每20根为一组,抽样进行质量控制荷载检验试验,锚杆试验的最大荷载至锚杆钢筋拉断为止,如不符合要求,必须重新布置。

4.积极作用和效果

(1)能够起到支撑围岩的作用。锚杆结构能够避免围岩结构发生形变,并在建成后向围岩施加应力,使引水隧洞内部的应力更加平衡,从而避免围岩强度下降等一系列问题。

(2)能够起到加固围岩的作用。锚杆结构能够对围岩结构进行支护固定,将地层松动区的节理裂隙、破裂面等连接在一起,有效提升施工区域的围岩强度,避免发生松动脱落、开裂变形等一系列问题。

(3)具有增大层间摩阻力的作用,对形成组合梁有巨大的积极影响。在实际施工中,利用锚杆支护技术对水平或倾角较小的层状围岩进行连接,能够有效增大层间摩阻力,降低隧洞工程安全风险。

(4)具有悬吊作用。悬吊作用指的是用锚杆支护技术施工,能够防止个别围岩的掉落或滑落,这种作用主要表现在加固局部失稳的岩体,降低安全风险。

(二)喷射混凝土支护

1.概述

喷射混凝土技术是一种成熟的技术手段,通过压缩空气或其他动力将混凝土材料喷射到特定结构面上。混凝土砂浆中的水泥与骨料在连续撞击中紧密结合，提高了喷射混凝土的密度。与其他混凝土材料相比，喷射混凝土的强度和密实性更优，且不需要搭建模板，应用价值高。喷射混凝土在受喷面上固结后，能隔绝岩石与空气、水分的接触，降低围岩风化、松动和脱落的可能性，并深入围岩结构的缝隙和节理中，保持围岩结构的稳定。

喷射混凝土设备有干式喷射机、湿式喷射机两种，以前一般采用干式喷射机，如今按"以人为本，绿色施工"的理念，宜采用湿式喷射机施工。喷射料由现场设置的拌和站拌制，混凝土运输车运至作业场地，用自动振动下料机下料或人工上料，人工操作混凝土喷射机进行湿喷。

2. 施工工艺流程

喷射混凝土施工工艺流程如图 4-6 所示。

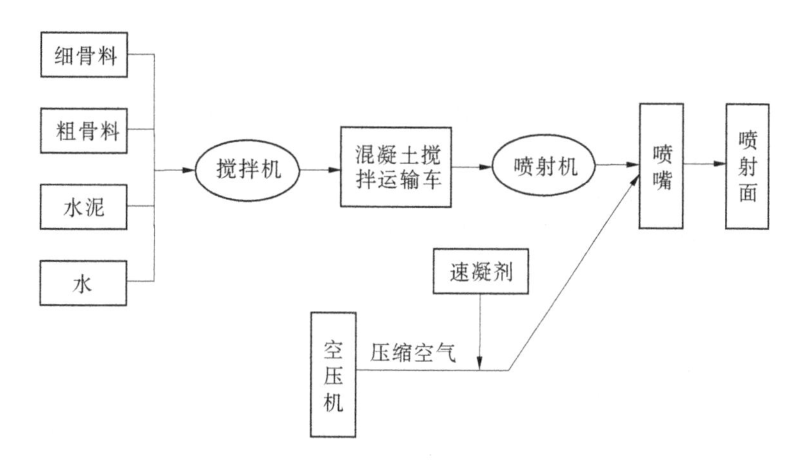

图 4-6　喷射混凝土施工工艺流程

3. 质量控制要点

为保证喷射混凝土质量、减少回弹和降低粉尘等，喷射混凝土作业时应注意以下质量控制要点。

（1）喷射混凝土作业应分段分片依次进行，喷射顺序自下而上，一次喷射厚度按《岩土锚杆与喷射混凝土支护工程技术规范》（GB 50086—2015）中相关规定选用。分层喷射时，后一层应在前一层混凝土终凝后进行，若终凝 1 h 后再喷射，应先用水汽混合物清洗喷层面。喷射作业紧跟开挖工作面时，混凝土终凝至下一循环爆破作业时间不应少于 3 h。

（2）喷射作业应严格执行喷射机操作规程，连续向喷射机供料，保持喷射机工作风压稳定，完成或因故中断喷射作业时，应将喷射机和输料管内的积料清除干净。

(3)根据喷射情况应适当调整风压和水压。风压与喷射质量有密切的关系,风压过大会造成喷射速度太快而加大回弹量,损失水泥;风压过小会使喷射力减弱,混凝土密实性差。

(4)混凝土一般分2~3层喷射,分层喷射的间隔时间应根据水泥品种、速凝剂种类及掺量、施工温度(最低不宜低于5 ℃)和水灰比大小等因素及喷射的混凝土终凝情况合理确定。分层喷射间隔时间不得太短,一般要求在初喷混凝土终凝之后进行复喷。当间隔时间较长时,复喷前应将初喷表面清洗干净,将凹陷处进一步找平。

(5)洞内喷射时分段长度不超过6 m,分部为先下后上,分块大小为2 m×2 m,并严格按先墙后拱、先下后上的顺序进行喷射,以减少混凝土因重力作用而发生滑落或脱落现象。

(6)掌握好喷嘴与受喷面的距离和角度,实现回弹量最小、喷射的效果和质量最佳。喷嘴至岩面的距离为0.8~1.2 m,过小或过大都会增加回弹量;喷嘴与受喷面垂直,并稍微偏向喷射的部位(倾斜角不大于10°)。

(7)岩面凹陷处应先喷和多喷,而凸出处应后喷和少喷,混凝土喷射时可以采用螺旋形移动前进,也可以采用"S"形往返移动前进。

(8)喷射混凝土的回弹率:洞室拱部不应大于25%,边墙不应大于15%。

(三)挂钢筋网支护

挂钢筋网支护也是比较常见的引水隧洞支护方法之一,在这个过程中,钢筋网扮演着极为重要的角色。其主要的积极作用在于:①避免结构出现收缩裂缝,降低开裂的可能性,降低开裂的严重程度,同时还能够确保喷层应力得到均匀分布,避免引水隧洞内部结构变形等问题。②合理应用挂钢筋网支护方法,能够让引水隧洞结构的承载力、抗剪力等性能得到优化,这也是保证引水隧洞施工质量的有效措施之一。另外,在实际应用过程中,挂钢筋网支护方法能够提高岩体中的环向力,使引水隧洞质量得到直接保证,而钢筋网本身作为特殊的、一体化施工材料,还具有为喷射混凝土提供支撑的作用,能够在薄层喷射混凝土无法发挥应有作用而产生弯曲和拉伸的情况下,让混凝土材料有稳定的施工条件。

(四)格栅支护

格栅支护是十分常见的隧洞结构支护方法,我国的格栅支护研究时间还比较短,因此其实际应用难度相对较高。实际上,早在20世纪80年代末,我国的技术人员就已经开始对这一支护方法进行研究,并且在20世纪90年代后期将其应用到铁路、公路隧道开挖的初期支护施工中，并取得了可观的应用效果。在引水隧洞支护施工过程中，这一支护技术自然也发挥了不可替代的重要作用，相比于锚杆支护方法、喷射混凝土支护方法等，格栅支护方法的应用效果更加优秀，并得到了技术人员的一致认可。当然这并不意味着这种支护方法已经十全十美，其仍然存在费时、费工、费钱等问题，对其进行进一步优化和应用，是未来提升引水隧洞整体质量的不二之选。

应充分了解格栅支护的基本原理。格栅支护结构指的是由格栅拱架和锚喷联合组成的一种复合支护结构，是一种基于传统钢拱架支护法和锚杆支护技术形成的新技术手段，在进行格栅支护的过程中，工作人员应将岩体视为连续介质，并充分了解岩石结构所具有的黏性、弹性、塑性等物理性质，以此为基础制订行之有效的支护技术方案，只有这样才能确保引水隧洞支护的有效性。特别需要提到的是，格栅支护技术具有传统支护技术的优越性，在刚性方面有着独特的优势，因此一经出现就在引水隧洞施工行业得到了广泛应用。

（五）超前支护

超前支护是为保证隧洞工程开挖工作面稳定而采取超前于掌子面开挖支护的一种辅助措施。水工隧洞超前支护方式主要有超前锚杆、超前小导管、管棚等。

1. 超前锚杆

超前锚杆是沿开挖轮廓线，以稍大的外插角（一般 10°～15°），向开挖面前方安装锚杆或小钢管，形成对前方围岩的预锚固，在提前形成的围岩锚固圈的保护下进行开挖、出渣等作业。超前锚杆的设置应充分考虑岩体结构面特性，一般可以仅在拱部设置，必要时可在边墙局部设置。超前锚杆纵向两排的水平投影，应有不小于 1 m 的搭接长度。

超前锚杆支护宜和钢支撑配合使用，并从钢支撑腹部穿过。超前锚杆宜采用早强型药卷式锚杆，使其充分发挥超前支护的作用；超前锚杆的安装误差一般要求孔位偏差不超过 10 cm，外插角不超过 1°～2°，锚入长度不小于设计长度的 96%。超前锚杆尾端，一般置于钢支撑腹部或焊接于系统锚杆尾部的环向钢筋以增强共同支护作用。超前锚杆可根据围岩具体情况，采用双层或三层超前支护。

2. 超前小导管

超前小导管一般用于Ⅴ级围岩开挖过程中的超前支护，是在遇到不稳定围岩洞段，为了防止开挖时掌子面前方围岩不自稳、易出现坍塌而采用的超前支护手段。

隧洞开挖前按设计要求打设超前注浆小导管,并通过小导管向围岩压注起胶结作用的浆液,待浆液硬化后,隧洞周围岩体形成了有一定厚度的加固环,在加固环的保护下即可安全地进行开挖等作业。

超前小导管的施工参数按设计要求确定,一般沿洞顶钻外倾角为10°左右的孔,钻孔孔径62 mm,单长4.5 m,环向间距0.4 m;孔内的钢管为直径42 mm的花管,花管前端加工成扁尖形,用风动推进器按要求打入孔内,外露端用Φ 16钢筋焊连并与钢支撑连接。超前小导管结构示意如图4-7所示。

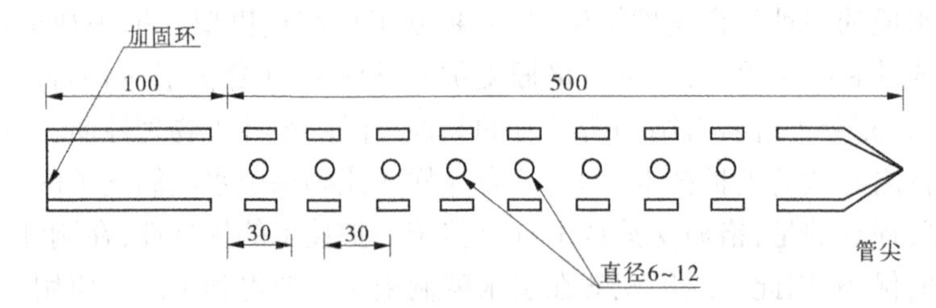

图4-7 超前小导管结构示意 (单位:mm)

小导管采用水泥砂浆注浆,注浆终压为1.0~1.5 MPa,扩散半径不小于50 cm。注浆完成后,小导管端部焊接在钢拱架上,施工前做压浆试验,确定合理的设计参数,据以施工。注浆结束后,进行注浆效果检查。超前小导管注浆施工工艺流程如图4-8所示。

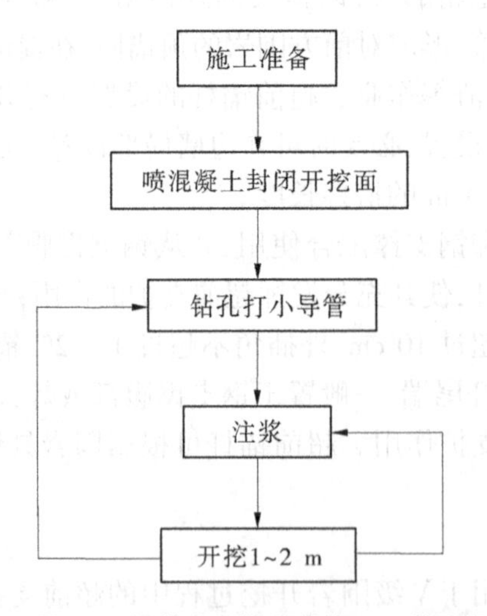

图4-8 超前小导管注浆施工工艺流程

3. 管棚

当小导管不能从根本上解决松散体洞段的施工问题时,将采用管棚施工。水工隧洞Ⅴ类围岩支护采用系统工字钢和管棚超前支护相结合的方案。管棚一般采用直径 80 mm 钢管,用潜孔钻机或 G-70 锚索钻机钻眼成孔,当围岩破碎时跟管钻进,成孔后退出钻具安装管棚,放置钢筋束并注浆固结形成较为稳定的加固体,采用钢支撑复合支护。

管棚注浆采用分段后退式注浆,利用自制的注浆套管与管棚用套丝连接,注浆套管上准备排气管与进浆管,由阀门来控制开关,安装塑料管作为排气管,连接注浆管等各种管路,利用锚固剂封闭掌子面与管棚间的空隙,防止漏浆。关闭孔口阀门,开启注浆泵进行管路压水试验,试验压力等于注浆终压,如有泄漏及时检修。管棚注浆结构示意如图 4-9 所示。

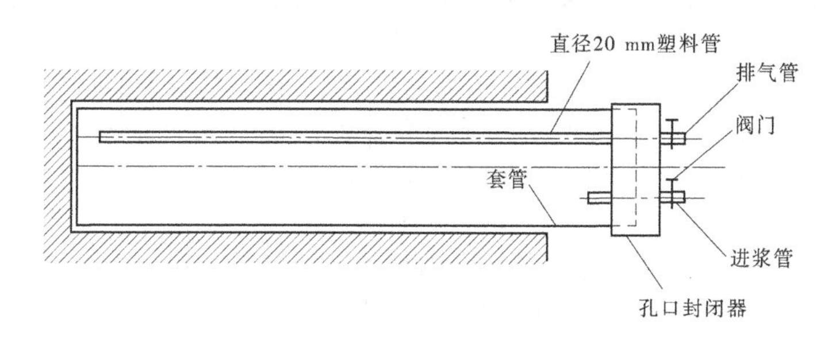

图 4-9　管棚注浆结构示意

第五章　水利工程隧洞施工管理

第一节　技术管理

一、挖掘施工技术的管理重点

在水利工程隧洞施工中,挖掘施工技术的选择和管理至关重要。导洞开挖法和全断面开挖法是两种常见的挖掘方法,选择哪种方法主要取决于施工可用的机械设备、施工人员的技能水平、隧洞截面面积及岩层特性。合理选择施工方法和技术,不仅能降低工程成本,还能加快施工进度,确保施工安全可靠。

在进行隧洞挖掘时,需严格控制洞脸坡度,从隧洞出口段或入口段边坡开始挖掘。在挖掘过程中,要密切关注边坡的稳定性,一旦出现异常情况,如边坡滑动或开裂,应立即调整挖掘速度,确保施工安全。

目前,水利工程隧洞的圆形截面内径通常不小于 180 cm,非圆形截面的高和宽不小于 180 cm 和 140 cm。施工中常用的机械设备包括拱架台车、钻孔台车、钢模台车和掘进机等。设计截面大小和形状时,需要进行技术分析,确保设计的科学性和合理性。

在进洞前,需要完成洞外建筑如暗渠、明洞等的施工,确保洞脸环境安全。在挖掘洞室时,应确保挖掘深度足够,避免少挖现象,并严格按照相关流程进行。如果采用钻爆法挖掘,光面爆破是必要的,设计爆破位置并进行科学的爆破设计是关键。根据爆破效果和地质条件调整爆破参数,为后续开挖质量打下基础。

此外,隧洞支护也是施工中的重要环节。锚杆结构是常见的支护结构,能够保证围岩结构的稳定性。锚杆支护方法的应用也日益成熟,对边坡、隧道、坝体等重要构筑物的加固起着不可替代的作用。锚杆结构能起到支撑围岩、加固围岩、提高层间摩阻力和“悬吊”的作用。在实际应用中,锚杆结构与工程建(构)筑物连接,将拉力传递至土体深处,提高隧洞稳定性。因此,锚杆结构和支护方法的选择及应用对隧洞工程的稳定和安全至关重要。

二、水利工程隧洞施工中衬砌技术的管理重点

为了保证水利工程隧洞施工中围岩的整体稳定性,隧洞围岩周边的位移

测量工作显得尤为重要。通过仔细的位移测量,可以明确衬砌施工的最佳时间。衬砌施工通常是在围岩变形及支护变形稳定后进行,这样可以确保隧洞结构的稳固。

在选择衬砌形式时,需要综合考虑多种因素,包括水利工程隧洞的围岩条件、运行条件、支护方式及施工方式等。在水利工程隧洞建设中,常见的衬砌形式有混凝土初砌、单层初砌和平整初砌。这些衬砌形式的选择和应用需要根据实际情况进行,确保隧洞结构的稳定和安全。

如果水利工程隧洞建设中遇到了竖井交接处、软弱破碎带或断层等复杂地质条件,导致围岩发生严重变形,就需要及时进行加厚处理,并设置横向变形缝。这样可以保证围岩地质的均衡性,防止因地质不均而导致的结构问题。

在确定洞线后要分段施工时,需要根据实际情况进行合理规划。通常情况下,边拱和底拱的分段长度在7~13 m。这样可以避免环向缝错开的情况发生,确保施工的顺利进行和结构的稳定。

三、水利工程隧洞回填灌浆施工技术的管理重点

在水利工程隧洞施工中,回填灌浆施工技术对填充混凝土衬砌或钢筋混凝土衬砌顶拱的空腔具有重要作用。通过回填灌浆,可以有效地防止通水过程中顶部塌方,从而保护顶拱免受破坏。

衬砌条件、衬砌结构、回填灌浆的压力、浓度、孔距和范围等因素之间存在着密切的联系。为了确保回填灌浆的效果,要保证衬砌所使用的混凝土强度达到设计要求的71%以上。在实际施工现场,需要进行灌浆试验,了解灌浆试验结果并进行综合性评估。在此基础上,确定合理的灌浆压力,确保其既不过高也不过低,以避免对衬砌结构造成损害。

对土洞钢筋混凝土的砌衬工作,通常采用低压灌浆方式,合理控制灌浆压力在0.1~0.2 MPa。而对岩洞钢筋混凝土衬砌,灌浆压力则需要控制在0.31~0.51 MPa。在回填灌浆过程中,需要进行合理的区段划分,通常需要进行两次回填灌浆操作。首先进行一序孔的灌浆工作,然后进行二序孔的灌浆工作。其中,二序孔为顶孔。在回填灌浆施工过程中,应遵循从低处到高处的原则。在同一区段的同一孔序灌浆施工中,可以采用部分钻孔或全部钻孔的方式进行。对单孔分序灌浆及钻进,需要根据实际情况进行合理安排。

为了确保回填灌浆施工的质量和效果,还需要加强现场管理和技术监督。对施工过程进行全面监控,确保每个环节都符合规范要求。同时,加强与施工队伍的沟通和协调,确保各项工作的顺利进行。对出现的问题和难点,要及时采取措施进行解决和调整,确保回填灌浆施工能够达到预期的效果。

总之，回填灌浆施工是水利工程隧洞建设中的重要环节，需要加强技术管理和质量控制。通过合理的施工安排、专业的技术指导和严格的现场管理，确保回填灌浆施工的质量和效果，为水利工程隧洞的稳定和安全提供有力保障。

第二节 质量控制

一、隧洞开挖质量控制

(一)洞口开挖

洞口开挖要注意以下事项：

(1)削坡应自上而下进行，严禁上、下层垂直作业。

(2)做好危石清理、坡面支护、防护和排水工作。

(3)进洞前，须注意对洞脸岩体进行鉴定，确认稳定并采取防范措施报监理部批准后方可开挖进洞。

(二)洞室开挖

在洞室开挖过程中，施工单位要根据施工进展及时进行测量和校测工作，严格控制隧洞方向、中心线和高程。每次爆破后均应进行断面规格检查，发现不符合设计要求的欠挖应及时处理。除设计另有规定外，规格检查应符合下列精度要求：

(1)开挖放样误差一般不大于 30~50 mm。

(2)开挖断面测量相对于中线的误差不大于 50 mm。

(3)施测断面间距一般为 3~5 m，对起伏差或线型及设计结构变化较大的部位，应适当加密施测断面。

(4)一般地质条件下，洞室径向超挖值应不大于 15 cm，不应有欠挖，开挖面平整度应控制在 10 cm 以内。

(三)不良地质地段开挖

不良地质地段开挖应在地质预报的基础上，坚持预防为主的方针，制订切实可行的施工方案，确保施工安全。具体应遵循以下原则：

(1)查清地质构造，做好锁口和排水。

(2)对围岩进行预加固处理。

(3)浅钻孔、多循环、弱爆破，减少对围岩的振动影响(具体由爆破监理机构审核实施)。

(4)及时支护，加强支护，必要时可允许尽早进行混凝土衬砌。

(5)加强安全检查、围岩变形监测与分析，及时采取防范措施。

在隧洞开挖过程中，施工单位应主动配合做好地质测绘、编录和安全监（观）测等工作，并按合同文件要求对已埋设的监测仪器保护到位。

二、支护作业控制要点

超前支护是隧洞支护体系的重要组成部分，隧洞初期支护采用喷锚支护，初期支护必须紧跟开挖面及时施工，尽快封闭掌子面。施工中现场监理机构应加强施工质量控制，确保施工质量。支护作业控制要点如下。

（1）喷射混凝土原材料称量应采用自动计量装置，衡量器应定期标定，混凝土拌制时应根据施工配合比对照检查各种原材料用量。

（2）喷射混凝土前，现场监理人员应检查开挖断面尺寸，并要求承包人清除开挖面和待喷面的松动岩块，拱脚、墙脚处的岩屑等杂物，设置控制喷层厚度的标志。

（3）喷射混凝土严禁选用具有潜在碱活性的骨料。

（4）发现基面有滴水、淌水、集中出水点时，应要求承包人采用凿槽、埋管等方法进行引导疏干。

（5）分层喷射混凝土时，后一层喷射应在前一层混凝土终凝后进行。一次喷射的最大厚度：拱部不得超过 10 cm，边墙不得超过 15 cm。喷射作业紧跟开挖作业面时，混凝土终凝到下一循环爆破作业，间隔不得小于 3 h。喷射混凝土回弹料严禁重复使用。

（6）锚杆类型应根据地质条件、使用要求及锚固特点进行选择并应符合设计要求，锚杆宜采用商品锚杆且必须按设计要求设置垫板，垫板应与基面密贴。在有水地段安装普通砂浆锚杆时，应先将孔内水引出或在附近另行钻孔后安装锚杆。

（7）钢拱架应按设计要求在初喷混凝土后及时进行架设，安装前应清除钢拱架底部虚渣及杂物。

（8）初期支护采用钢筋网、钢拱架喷射混凝土结构时，应保证钢筋网和钢拱架与围岩之间的空隙，用喷射混凝土回填密实。

（9）作业区应有良好的通风和照明装置，粉尘浓度不大于 2 mg/m^3。

三、超前预支护

（一）超前小导管

1. 质量控制要点

（1）超前小导管进场检验必须符合规范要求。

(2)超前小导管必须符合设计参数要求。现场重点检查布设位置、长度、直径、环距和外插角。

(3)注浆材料采用水泥浆，水灰比 1:1，注浆压力初压暂定 0.5~1.0 MPa，终压暂定 2 MPa，压力表使用前必须经有关部门标定为合格。

(4)钻孔直径应比钢筋直径大 3~5 mm，小导管穿过钢架用锤或钻机顶入，顶入长度不小于设计钢管长度的 90%，并用高压风将钢管内的砂石吹出。

(5)隧洞开挖长度应小于小导管注浆长度，预留部分作为下次循环的止浆墙。

(6)注浆量达到设计注浆量或注浆压力达到设计终压时可结束注浆。

2. 质量检验项目

超前小导管施工质量检查控制项目如表 5-1 所示。

表 5-1　超前小导管施工质量检查控制项目

<table>
<tr><th>序号</th><th colspan="2">检查内容</th><th>检查方法</th><th>检查数量</th></tr>
<tr><td>一</td><td colspan="4">主控项目</td></tr>
<tr><td>1</td><td colspan="2">超前小导管所用钢管的品种和规格必须符合设计要求</td><td>观察、尺量</td><td>施工单位、监理单位全部检查</td></tr>
<tr><td>2</td><td colspan="2">超前小导管与支撑结构的连接应符合设计要求</td><td>观察</td><td>施工单位、监理单位全部检查</td></tr>
<tr><td>3</td><td colspan="2">超前小导管的纵向搭接长度应符合设计要求</td><td>尺量</td><td>施工单位、监理单位全部检查</td></tr>
<tr><td>4</td><td colspan="2">注浆压力应符合设计要求，浆液必须充满钢管及其周围的空隙</td><td>查施工记录</td><td>施工单位全部检查，监理单位按施工单位应检数量的 10% 见证检查，并至少检查 1 次</td></tr>
<tr><td>二</td><td colspan="4">一般项目</td></tr>
<tr><td>序号</td><td>项目</td><td>允许偏差</td><td>检查方法</td><td>检查数量</td></tr>
<tr><td>1</td><td>方向角</td><td>2°</td><td rowspan="3">仪器测量、尺量</td><td rowspan="3">施工单位每环抽查 3 根</td></tr>
<tr><td>2</td><td>孔口距</td><td>±50 mm</td></tr>
<tr><td>3</td><td>孔深</td><td>0~50 mm</td></tr>
</table>

3. 作业控制流程

超前小导管施工作业流程如图 5-1 所示。

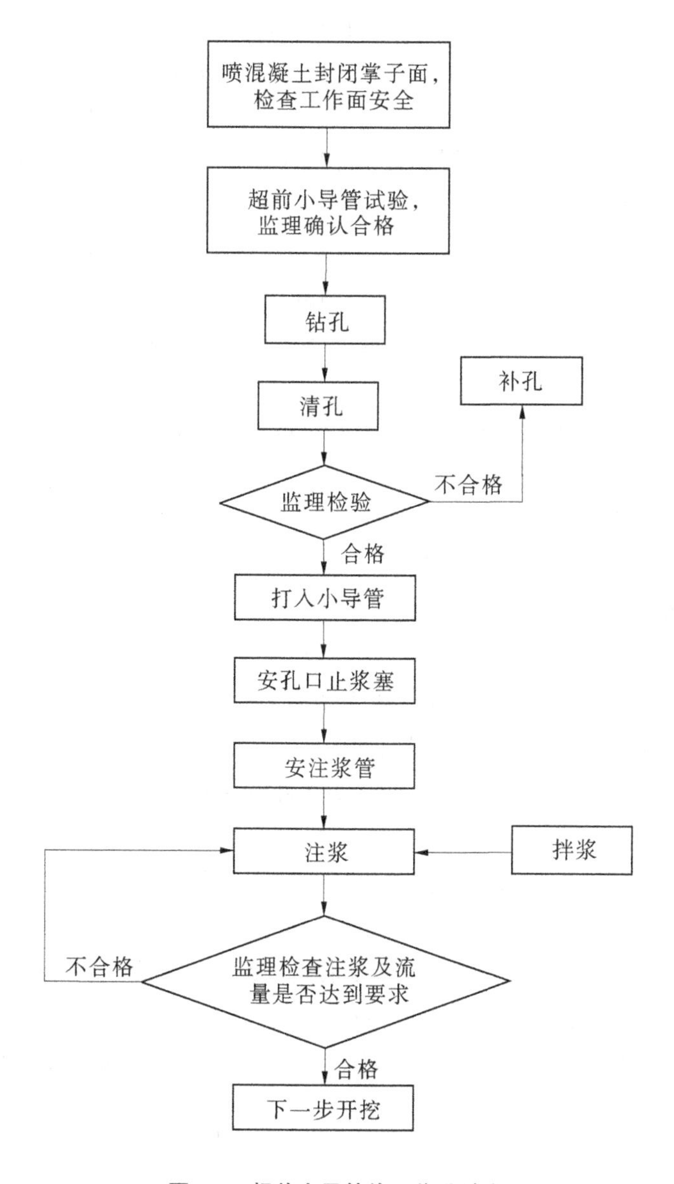

图 5-1　超前小导管施工作业流程

(二)长管棚(适用于洞口段)

1. 质量控制要点

(1)洞口管棚需设置导向墙,拱内设三榀 I20a 工字钢,沿 I20a 工字钢外缘间距 50 cm 设直径 127 mm 孔口管,直径 127 mm 孔口管、I20a 工字钢拱架间采用⏀ 22 钢筋固定,钢筋与孔口管、工字钢之间采用双面焊接,焊接长度大于钢筋直径的 5 倍。管棚设置位置偏差应小于 2 cm,管棚钻孔布置应控制好斜度,防止管棚钢管侵入隧洞开挖线内。

(2)管棚钢管超前支护采用外径 108 cm、壁厚 6 mm 的热轧无缝钢尖管,钢管前段呈尖锥状,尾部焊接Φ 16 加筋箍,管壁四周钻直径 16 mm 压浆孔,钢管加长时应保证同一安装接头不超过 50%,长度根据钢花管长度及管棚长度确定。

(3)管棚施工过程中现场监理人员应重点检查钢筋及钢花管的长度、壁厚、环向布置间距及外插角。

(4)钢管及钢花管施工误差:径向不大于 20 cm,相邻管之间环向不大于 10 cm。由于洞口管棚设计长度较大,施工中易产生偏差,现场监理人员应经常对偏差情况进行检查,以便及时要求施工单位纠偏。

(5)管棚注浆采用水泥浆,水灰比 1∶1,注浆压力 0.5~1.0 MPa,终压暂定 2 MPa,可根据现场试验结果进行适当调整。注浆前应根据现场地质情况估算单孔注浆量,当注浆压力达到设计终压 20 min 后,进浆量仍达不到估算注浆量时,也可结束注浆。注浆结束后采用 M30 水泥砂浆充填钢管,以增强管棚强度。

(6)洞身管棚施工可在管棚打设后再架立型钢钢架,也可采用一格栅钢架替代开孔的型钢,钢管尾部应与钢架焊接牢固。

(7)洞口管棚施工时,应按设计要求先打设编号为奇数的钢花管并注浆,然后打设编号为偶数的钢管,以便检查钢花管的注浆质量。

(8)注浆浆液强度和配合比应符合设计要求,且浆液应充满钢管及周围的空隙。

2. 质量检查项目

管棚施工质量检查项目如表 5-2 所示。

表 5-2　管棚施工质量检查项目

<table>
<tr><th>序号</th><th colspan="2">检查内容</th><th>检查方法</th><th>检查数量</th></tr>
<tr><td>一</td><td colspan="4">主控项目</td></tr>
<tr><td>1</td><td colspan="2">管棚所用钢管进场必须按批抽取试件做力学性能(屈服强度、抗拉强度和伸长率)和工艺性能(冷弯)试验,其质量必须符合国家有关规定及设计要求</td><td>施工单位检查每批质量证明文件并进行相关性能试验;监理单位检查全部质量证明文件和试验报告,并平行抽检</td><td>以同牌号、同炉罐号、同规格、同交货状态的型钢,每 60 t 为 1 批,不足 60 t 应按 1 批计;施工单位每批抽检 1 次;监理单位按施工单位抽检次数的 10%~20%进行平行抽检,并至少检查 1 次</td></tr>
<tr><td>2</td><td colspan="2">管棚所用钢管的品种、级别、规格和数量必须符合设计要求</td><td>观察、钢尺检查</td><td>施工单位、监理单位全部检查</td></tr>
<tr><td>3</td><td colspan="2">管棚搭接长度应符合设计要求</td><td>尺量</td><td>施工单位、监理单位每排抽查不少于 3 根</td></tr>
<tr><td>4</td><td colspan="2">注浆浆液的配合比应符合设计要求</td><td>施工单位进行配合比选定试验;监理单位检查配合比选定单,并进行见证试验</td><td>施工单位全部检查;监理单位进行见证</td></tr>
<tr><td>二</td><td colspan="4">一般项目</td></tr>
<tr><td>序号</td><td>项目</td><td>允许偏差</td><td>检查方法</td><td>检查数量</td></tr>
<tr><td>1</td><td>外插角</td><td>1°</td><td rowspan="3">仪器测量、尺量</td><td rowspan="3">施工单位全部检查</td></tr>
<tr><td>2</td><td>孔距</td><td>±150 mm</td></tr>
<tr><td>3</td><td>孔深</td><td>0~50 mm</td></tr>
</table>

3. 作业流程

管棚作业流程如图5-2所示。

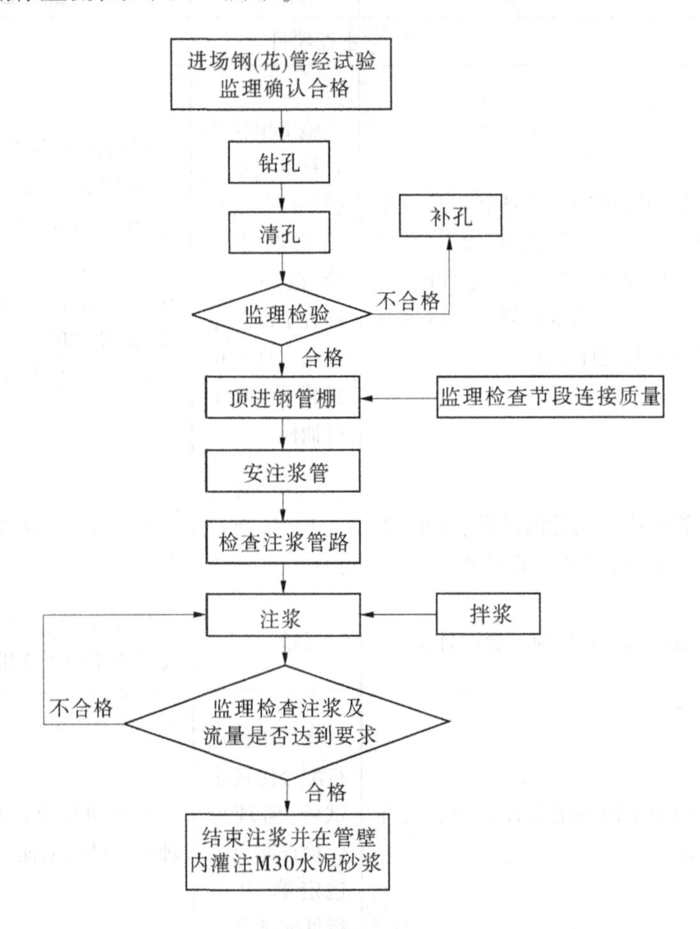

图5-2 管棚作业流程

(三)超前锚杆(适用于Ⅳ类及以下围岩)

超前锚杆施工质量控制要点如下：

(1)超前锚杆与钢架配合使用,以增强共同支护效果。

(2)超前锚杆采用DN27自进中空注浆锚杆,长度4.5 m(Ⅳ级围岩)或4.8 m(Ⅴ级围岩),间距40 cm,排距3 m,外插角15°。

(3)中空注浆锚杆基本参数:杆体材料采用高强钢,外径27 mm,壁厚6 mm。

(4)设计抗拉拔力为250 kN,注浆材料采用M30以上无收缩早强水泥浆,水灰比(*W/C*)为0.3~0.5,浆液配置及添加剂选用通过配合比试验确定。

(5)锚杆孔钻设完成后,应验收孔深、孔斜和孔位是否达到设计和规范要求,有无漏钻的情况。

四、初期支护

(一)锚杆

1. 质量控制要点

(1)锚杆的材质、类型、规格、数量、质量和性能必须符合设计和规范要求。

(2)施工中按设计图纸要求检查锚杆钻孔部位及设置、孔深、打设纵横间距、锚杆长度、锚杆类型、锚杆安装外插角和垫板尺寸。

(3)注浆材料按锚杆类型采用水泥浆或水泥砂浆,施工过程中要检查注浆压力、注浆饱满情况是否满足要求。

2. 质量检查项目

锚杆支护质量检查项目见表5-3。

表5-3　锚杆支护质量检查项目

序号	检查内容	检查方法	检查数量
一	主控项目		
1	锚杆所使用的钢筋原材料进场检验必须符合《钢筋混凝土用钢 第1部分:热轧光圆钢筋》(GB/T 1499.1—2017)、《钢筋混凝土用钢 第2部分:热轧带肋钢筋》(GB/T 1499.2—2018)等规程规范的规定和设计要求	施工单位检查全部质量证明文件,并按批进行抽样试验;监理单位检查全部质量证明文件、试验报告,并随机抽样进行平行检验	同牌号、同炉罐号、同规格、同交货状态的钢筋,每60 t为1批,不足60 t按1批计;施工单位每批抽检1次;监理单位按施工单位抽检次数的10%~20%进行平行抽检,并至少检查1次

续表 5-3

序号	检查内容	检查方法	检查数量
2	半成品、成品锚杆的类型、规格、性能等应符合设计要求和国家现行有关技术标准的规定	施工单位检查产品合格证、出厂检验报告并进行试验；监理单位检查全部产品合格证、出厂检验报告、试验报告，并进行规定比例的见证取样检测	施工单位按进场的批次，每批次随机抽样 3%进行检查；监理单位按施工单位抽检数量的 10%～20%进行平行抽检，并至少检查 1 次
3	锚杆安装数量应符合设计要求	施工现场计数检查	施工单位、监理单位全部检查
4	砂浆的强度等级、配合比应符合设计要求	施工单位进行配合比设计，做砂浆强度试验；监理单位见证检验	施工单位、监理单位每个作业段检查 1 次
5	锚杆孔内灌注砂浆应填满密实	查施工记录、观察或采用超声波锚杆检查仪检查	施工单位全部检查；监理单位按施工单位检查数量的 20%进行检查
6	自钻式锚杆安装前，锚杆体中孔和钻头的水孔应畅通，无异物堵塞	观察	施工单位、监理单位全部检查
7	锚杆安装允许偏差： ①锚杆孔径应符合设计要求； ②锚杆孔深度大于锚杆长度 10 cm； ③锚杆孔距允许偏差为±15 cm； ④锚杆插入长度不得小于设计长度的 95%，且应位于孔的中心	现场尺量	施工单位全部检查；监理单位按施工单位检查数量的 20%抽查

续表 5-3

序号	检查内容	检查方法	检查数量
二	一般项目		
1	锚杆孔的方向应符合设计要求，锚杆垫板应与基面密贴	观察	施工单位全部检查
2	锚杆应平直、无损伤，表面无裂纹、油污、颗粒状或片状锈蚀	观察	施工单位全部检查

（二）钢筋网

1. 质量控制要点

（1）钢筋网所用钢筋必须经试验检验合格。

（2）在岩面初喷一层混凝土后再铺挂钢筋网。

（3）钢筋网与竖杆或其他固定装置连接要牢固。

（4）现场监理人员应重点检查钢筋网网格尺寸、搭接长度和保护层厚度是否满足技术标准和设计要求。

2. 质量检查项目

钢筋网施工质量检查项目如表 5-4 所示。

表 5-4　钢筋网施工质量检查项目

序号	检查内容	检查方法	检查数量
一	主控项目		
1	钢筋网所使用的钢筋原材料进场检验必须符合要求	施工单位检查全部质量证明文件，并按批进行抽样试验；监理单位检查全部质量证明文件、试验报告，并随机抽样进行平行检验	同牌号、同炉罐号、同规格、同交货状态的钢筋，每 60 t 为 1 批，不足 60 t 按 1 批计；施工单位每批抽检 1 次；监理单位按施工单位抽检次数的 10%～20% 进行平行抽检，并至少检查 1 次

续表 5-4

序号	检查内容	检查方法	检查数量
2	所用钢筋的品种、规格等应符合设计要求	观察、钢尺检查	施工单位、监理单位全部检查
3	钢筋网的制作、安装检验应符合要求	观察、钢尺检查	施工单位、监理单位全部检查
二	一般项目		
1	钢筋网的网格间距应符合设计要求,网格尺寸允许偏差±10 mm	尺量	施工单位每作业循环检验 1 次,随机抽样 5 片
2	钢筋网搭接长度应为 1~2 个网孔,允许偏差±50 mm	尺量	施工单位每作业循环检验 1 次,随机抽样 5 片
3	钢筋应冷拉调直后使用,钢筋表面不得有裂纹、油污、颗粒状或片状锈蚀	观察	施工单位全部检查

(三)钢拱架

1. 质量控制要点

(1)型钢的种类、规格要满足设计和规范要求,并附有出厂合格证明材料。必要时应按要求送检试验。

(2)型钢、钢架加工的形式、尺寸必须符合设计图纸规定,拱的轴线应在同一平面内,不得弯曲。

(3)检查钢拱架的安装间距、倾斜度和保护层厚度是否符合规范要求。检查喷混凝土覆盖钢架,钢架背后与岩面的间隙应用喷射混凝土填充密实。

(4)型钢应无明显锈蚀,无起皮、掉渣现象存在。所有焊缝应饱满,不得有砂眼或病焊处,焊缝药皮要清除干净。

(5)型钢拱架安装底部应落于硬底上,杜绝底部有悬空。

(6)安装固定应牢固,钢架拼装处应连接可靠,可采用螺栓紧固和接板骑缝焊接并举的方法。

2. 质量检查项目

钢拱架施工质量检查项目如表 5-5 所示。

表 5-5　钢拱架施工质量检查项目

序号	检查内容			检查方法	检查数量
一	主控项目				
1	制作钢架的钢材品种和规格必须符合设计要求			观察、尺量	施工单位、监理单位全部检查
2	格栅钢架钢筋的弯制和末端的弯钩及型钢钢架的弯制应符合设计要求；钢架的结构尺寸应符合设计要求			观察、尺量	施工单位全部检查；监理单位按施工单位检查次数的 20% 抽查，至少检查 1 榀
3	钢架安装不得侵入二次衬砌断面，底部不得有虚渣，相邻钢架及各钢架间的连接应符合设计要求；钢架的混凝土保护层厚度不得小于 4 cm，表面覆盖层厚度不得小于 3 cm			观察、尺量	施工单位、监理单位按榀检查
4	沿钢架外缘每隔 2 m 应用钢楔或混凝土预制块与初喷层顶紧，钢架与初喷层间的间隙应采用喷射混凝土喷填密实			观察	施工单位、监理单位按榀检查
二	一般项目				
1	钢筋、型钢等原材料应平直无损伤，表面不得有裂纹、油污、颗粒状或片状锈蚀			观察	施工单位全部检查
2	钢架安装允许偏差	间距	±50 mm	测量、尺量	施工单位每榀钢架检查 1 次
3		横向	±50 mm		
4		高程	±50 mm		
5		垂直度	±2°		

五、喷射混凝土

(一)基本要求

(1)材料必须满足规范或设计要求。

(2)喷射前要检查开挖断面的质量,处理好超欠挖。

(3)喷射前,岩面必须清洁。

(4)喷射混凝土支护应与围岩紧密黏接、结合牢固,喷层厚度应符合要求,不能有空洞,喷层内不允许添加片石和木板等杂物,必要时应进行黏结力测试。严禁挂模喷射混凝土,受喷面必须是原岩面。

(5)支护前应做好引排水措施,对渗漏水孔洞、缝隙采取引排、堵水措施,保证喷射混凝土质量。

(二)质量检查项目

(1)原材料和混合料的检查。水泥和外加剂均应有厂方的合格证,水泥品质应符合设计要求。施工自检每200 t水泥取样1组,每批材料到达工地后应进行质量检验,合格后方可使用。

(2)喷射混凝土抗压强度检测。喷射混凝土抗压强度应采用在喷射混凝土作业时喷大板或现场取芯的方法进行取样,取样数量为每种材料或每一配合比每喷射1 000 m^2(含不足1 000 m^2)各取样1组,取样位置包括两侧边墙和顶拱。

第三节　安全管理

一、安全管理要点

(一)做好施工前的管理准备工作

在输水隧洞工程管理中,施工前应对该工程地质进行全方位的勘查,因为隧洞工程会受到多个因素影响,所以施工之前要分析地质预报数据、地面勘探数据和围岩量测数据等,将得到的信息当作施工操作依据。在勘测断层地质和高应力岩地质过程中,要提前进行预报,为施工的安全做好准备。与此同时,需进行科学的技术管理,第一个关键点是确保安全管理,第二个关键点是进行技术运用管理。施工阶段,施工方的管理工作者、业主的管理人员都要监督隧洞工程进展情况,尤其是判断施工需要的材料和机械设备。施工参建人员的素质和技术水平,关系施工安全管理成效,所以要把安全管理当作隧洞施工的重点内容。针对技术运用管理,相关人员应科学地运用施工技术,促进隧洞施工有序开展。施工之前进行隧洞开挖,结合隧洞的形式和尺寸科学选取开挖方式,如果运用钻爆法施工操作,应事先开展爆破试验,在得到确切的数据信息之后进行施工。判断断面的尺寸和具体形式,要综合断面的大小和围岩级别选取对应方法。

进洞之前,优先进行洞口施工,接下来处理洞外排水系统,在洞内时常会出现落石的情况,应加强支护。若洞口位置出现落石塌方的情况,要采取应急方案降低施工事故的发生概率。另外是封闭化处理仰拱,在施工期间围岩较差的隧洞地段很容易出现变形,如果此种情况下进行隧洞仰拱开挖,很可能会破坏平衡,那么洞壁会出现变形情况。所以,应按照分段开挖的形式进行仰拱操作,注重拱脚锁脚锚杆的施工作业,控制围岩变形现象。

(二)注重施工监控量测

在水利工程隧洞施工作业中,应对支护结构进行时效性监督,提供施工过程的数据信息,继而保障施工作业具备安全性和可靠性。监控量测之前要落实对应的规范要求,特别是分析支护情况、地表水渗漏情况、洞外地表量测情况。得到相关信息后,将其和隧洞施工设计的内容进行对比,检验施工过程的科学性和规范性,归纳隧洞施工特征,判断水平收敛位移信息和拱顶下沉位移信息的正确性。如果围岩不够稳定,相关人员要立足隧洞施工的具体情况制订解决方案,全方位进行隧洞支护操作,停止隧洞挖掘进程。

(三)强化隧洞施工安全管理力度

在隧洞施工过程中,需要对现场工作者进行管理。由于隧洞施工包含诸多人员,尤其是管理工作者、施工工作者和技术工作者,施工单位要明确科学的管理机制,对隧洞施工现场的人员身份进行确定,同时掌握隧洞工程的实施情况,要求施工者在工作期间落实施工条例,佩戴安全帽,运用正确的施工技术,从多个维度上保障隧洞施工安全及工程建设人员安全,确保隧洞工程顺利进行。与此同时,在隧洞施工过程中需提供技术指导,特别是钻孔爆破法,不管是堵塞环节、装药环节还是爆破环节,都要通过专业工作者领导施工团队一同进行。在爆破之前划分安全部分,警戒周围的人员,操作工作者应进行自我防护,推动爆破试验的进行。爆破工作者要持有相关证件,接受专业化培训,有较强的爆破试验能力。要编制隧洞施工的应急预案,施工机构要围绕具体情况进行应急操作,分析可能存在的风险,识别对应事故,特别是人员伤亡事故。事先编写应急计划,包含坍塌灾害、泥石流灾害等,可以在出现事故的第一时间要求现场人员迅速转移;在日常工作中进行施工培训,给施工人员普及隧洞施工的安全要点，保障施工者在安全事故中可以自救；提供演习机会，降低安全事故出现时隧洞施工现场混乱情况的发生概率，落实水利工程隧洞施工安全管理工作。

二、安全技术措施

(一)地下暗挖工程施工

支护施工前要认真检查作业区的岩石稳定情况。铣挖机、喷射设备等必须在前期统一检查。作业区域内的通风条件、照明条件也非常重要，风水管线、电线等在检查环节必须保证其安全性。无论洞挖还是明挖，支护、开挖的施工要保证错开作业面。上一层支护还没有完成时，不能开始下一层开挖。顶拱、上倾锚杆环节的杆体插入之后，施工人员应用木楔、铁楔做好现场的临时居中固定。开挖施工现场，Ⅳ级、Ⅴ级围岩及特殊地质围岩，开挖前喷5~10 cm厚的混凝土，在3 h之后钻设锚杆孔、安装锚杆。

(二)混凝土工程施工

1. 钢筋运输绑扎及焊接

在钢筋倒运过程中，应查看四周是否有人，不能对人的安全与物件造成破坏，由低处向高处传送钢筋时，每次仅能传送1根钢筋，若多根钢筋一同传送，需绑扎结实，并用绳子扣牢提吊，钢筋传送位置下部不能有人员停留。施工现场行车道口处不可以堆放钢筋，把钢筋保存在脚手架与相关平台上时，不可堆放过多。细致分析作业面上的电气设备及动力设备，出现问题时安排电工及时解决，避免电线触电事故。尽可能地将绑扎钢筋的铁线头弯向模板面，以免扎伤人。绑扎、焊接作业完成后的钢筋网上要铺设脚手板，以免因未绑与未焊牢而出现坠落事故。焊接工作者应持证上岗，在施工中参照规定佩戴防护用品，焊接时电缆线不能直接搭在工作人员身上，而是要置于焊接物件两侧，其间要对火花飞溅现象加以控制。焊接前做好防火处理，全面清理所有易燃物，焊接设备搭配对应的开关，杜绝一个开关连接多条线的现象，而且要与焊工配合好，戴好防护镜与防护手套，焊接期间不可用手接触钢筋。

2. 混凝土运输浇筑

运输时驾驶人员需要严格遵守交通规则与相关规定，且需要听从现场人员指挥。在夜间运输时，需要做到限速行驶，不允许开快车，避免出现惯性而对制动造成不良影响。保证混凝土仓内支撑、排架、拉筋、模板、漏斗、溜筒、平台牢固，不允许随意拆仓内支撑和拉筋、预埋件等，如果需要拆除，需要由相关负责人同意后才可以进行。在平台中，留下的料孔不用时需要封盖，且在平台的出入口四周设置护栏。利用大型振捣器平仓振捣时,不允许与模板、拉筋、预埋件接触和碰撞,以防变形。运行过程中振捣器不能直接在模板上口位置直接应用,并且要为振捣器安装触电保护器。此外,在对振捣器进行搬移时,需要先切断电源,如果操作人员手湿,不允许和振捣器开关直接接触,负责振捣作业的工作人员要及时检查振捣器电缆线,不能有破皮、漏电现象。

(三)施工供水安全保障措施

水利工程输水期间,生活用水应满足相关生活饮用水卫生标准的要求,水质被当地卫生单位检验合格方可饮用。给用水适当添加药剂及过滤性材料,确保不会对人体产生伤害。运用材料应经卫生单位鉴定,在对应的储水池设置排污设施,水池上部安装防护装置,减少杂物掉入池内的现象。保障泵站建设坚固,检查确定电气设备、电线绝缘设备符合常规运行要求。供水管的安装要结合实际情况,躲避危险的坡路和滑坡。管线防冻保温操作中,适当采用挡墩支撑,并且明管转弯部位要设置支墩。

三、施工安全监测

(一)安全监测目的

隧洞、浅埋隧洞钢衬、埋管、边坡、支挡结构施工是一个动态过程,与之有关的稳定性和环境影响也是个动态过程。因此,加强施工过程监测、快速反馈施工信息,有助于及时发现问题并优化施工策略。根据监测结果,可以及早发现潜在危险,判断工程的安全性,并采取有效工程措施消除安全隐患,防止发生工程破坏事故和环境事故。在工程中开展监测工作具有以下作用。

(1)在土建施工过程中对周边环境和工程自身关键部位实施独立、公正的监测,掌握周边环境、围护结构体系和围岩的动态。

(2)通过安全监测和安全巡视,能较全面地掌握各工点的施工安全情况,为信息管理平台提供基础数据,实现对施工过程的全面监控及有效管理。

(3)积累资料和经验,为同类工程设计提供类比依据。

(4)通过监测验证施工方案的正确性,为同类工程项目的施工提供科学依据,促进施工管理技术水平的提高。

(5)引入监控量测制度,是加强工程质量安全管理,防止重大事故发生的有力措施。

(二)安全监测内容

安全监测主要包括现场安全监控量测、现场安全巡视、安全风险咨询管理服务等内容。现场安全监测主要内容如表 5-6 所示。

表 5-6　现场安全监测主要内容

<table>
<tr><th>序号</th><th>监控量测项目</th><th>类别</th></tr>
<tr><td>1</td><td>地面沉降监测(表面位移/变形监测)</td><td rowspan="2">—</td></tr>
<tr><td>2</td><td>深层水平位移(测斜仪)监测</td></tr>
<tr><td>3</td><td>收敛变形(收敛桩)监测</td><td rowspan="3">表面变形监测和隧洞内部变形监测</td></tr>
<tr><td>4</td><td>拱顶下沉监测</td></tr>
<tr><td>5</td><td>围岩松动圈监测(钻孔波速测试)</td></tr>
<tr><td>6</td><td>钢拱架应变监测</td><td rowspan="2">隧洞内部应力应变监测</td></tr>
<tr><td>7</td><td>锚杆应力监测</td></tr>
<tr><td>8</td><td>地下水位(测压管)监测</td><td>渗流监测</td></tr>
<tr><td>9</td><td>爆破振动(质点振动速度)监测</td><td>爆破振动(质点振动速度)监测</td></tr>
</table>

第六章　水利工程隧洞施工中的问题与应对措施

第一节　溶洞施工处理对策

一、溶洞对隧洞施工的影响

（一）施工难度增加

在水利工程隧洞施工过程中，如果遇到溶洞，将会大大增加施工难度。这主要表现在以下几个方面。

1. 地质勘测困难

溶洞的复杂性会影响地质勘测结果的准确性。在施工前，工程师需要对地层进行详细勘探，了解溶洞的大小、位置、深度等信息，为施工方案提供科学依据。然而，由于溶洞的不规则性和不确定性，往往很难准确预测其形态，这增加了施工前的风险评估和施工计划的制订难度。

2. 施工环境恶劣

在溶洞区域，隧洞施工面临更为复杂的地质环境。溶洞中可能存在填充物、半填充物或空洞，使隧洞开挖时的围岩稳定性差，易发生塌方、涌水等事故。此外，溶洞内的水流可能对隧洞施工造成干扰，影响施工进度和安全。

3. 施工工艺复杂

在处理溶洞时，需要采取特殊的施工工艺和技术措施。例如，对大型溶洞，可能需要采用特殊的支撑结构、填充材料或加固方法。这些工艺和技术涉及多个专业领域的协同工作，对施工人员的专业素养和协作能力提出了更高的要求。

4. 工程量增加

由于溶洞的存在，隧洞施工的工程量往往需要增加。这包括额外的地质勘探、溶（裂）缝处理、填充和加固等工程内容。这些额外的工程量不仅增加了施工时间和成本，还可能给施工管理带来挑战。

5. 质量与安全控制难度大

在溶洞区域进行隧洞施工时,质量与安全控制变得更加复杂。由于地质条件的不确定性,隧洞的开挖和支护质量难以保证。同时,施工过程中可能出现的安全隐患增多,如塌方、涌水等,增加了安全风险。因此,需要采取更为严格的质量与安全控制措施,确保施工安全和质量达标。

(二)施工安全隐患

在水利工程隧洞施工过程中,如果遇到溶洞,将会带来一系列的施工安全隐患,具体如下。

1. 围岩稳定性下降

由于溶洞的存在,隧洞围岩的结构被破坏,整体稳定性降低。在施工开挖过程中,极易发生塌方、滑坡等事故,对施工人员的生命安全构成威胁。

2. 涌水风险

溶洞内的填充物或地下水可能通过隧洞涌入施工区域。一旦发生涌水,不仅影响施工进度,还可能造成人员伤亡和设备损失。因此,需要对可能发生涌水的区域进行严密监控,并提前制订应对措施。

3. 气体中毒

在溶洞中,可能存在有毒或易燃气体。如果这些气体在施工过程中释放出来,可能会造成人员中毒或火灾、爆炸等事故。因此,在施工前需要进行气体检测,并采取适当的通风措施,确保施工环境的安全。

4. 机械事故风险增加

在溶洞区域进行隧洞施工时,机械设备的操作变得更为复杂和危险。如果机械设备进入溶洞区域,可能陷入软土或泥浆中,导致设备损坏或人员伤亡。因此,需要对机械设备进行特别的防护和监测,确保其安全运行。

5. 应急救援困难

在溶洞区域发生事故时,由于地理位置的限制和交通的不便,应急救援可能面临很大的困难。如果发生人员伤亡或设备损失等情况,救援人员和物资的及时到达可能受到限制。因此,施工前需要制订详细的应急救援预案,确保在事故发生时能够迅速有效地开展救援工作。

(三)施工质量影响

溶洞对隧洞的施工质量产生多方面的影响,主要体现在以下几个方面。

1. 结构稳定性受影响

由于溶洞的特殊地质结构,隧洞在施工完成后,其结构稳定性可能受到影响。如果处理不当,可能会导致隧洞在使用过程中出现裂缝、沉降等问题,影响工程的安全性和使用寿命。

2. 混凝土浇筑质量下降

在隧洞施工过程中，经常会使用混凝土进行浇筑。然而，溶洞区域的地质条件可能对混凝土的浇筑质量产生不良影响。例如，溶洞内的填充物或地下水可能会干扰混凝土的凝固过程，导致混凝土强度下降或出现裂缝。

3. 衬砌与支护施工质量难以保证

在隧洞施工过程中，衬砌和支护是非常重要的环节。然而，在溶洞区域进行衬砌和支护时，由于地质条件的复杂性，很难保证施工质量的稳定和可靠。这可能导致隧洞在使用过程中出现衬砌开裂、支护变形等问题。

4. 回填与夯实困难

在隧洞施工过程中，需要对开挖的区域进行回填和夯实，确保隧洞在使用过程中的安全。然而，在溶洞区域进行回填和夯实时，可能会遇到特殊的地质条件，如软土、空洞等，使回填和夯实工作变得异常困难。这可能导致回填物不均匀、夯实不密实等问题，影响隧洞的施工质量。

5. 施工监控与检测难度大

在溶洞区域进行隧洞施工时，施工监控与检测变得异常困难。由于地质条件的复杂性和不确定性，因此很难准确监测隧洞的施工质量和安全状况。这可能导致施工过程中的一些问题被忽略或无法及时发现，从而影响隧洞的施工质量和使用安全。

二、溶洞施工处理原则

（一）安全可靠

在处理水利工程隧洞施工中的溶洞问题时，首先应遵循的原则是“安全可靠”。这是因为在任何工程项目中，安全始终是第一位的，只有确保施工过程的安全可靠，才能顺利完成施工任务，并保障人员生命安全。

1. 风险评估与预防

在处理溶洞问题之前，需要进行详细的风险评估。评估应包括对溶洞的位置、大小、填充物、地下水等情况的深入了解，以及对可能出现的塌方、涌水等风险的预测。根据评估结果，制订相应的预防措施，如加强支护、准备应急排水设备等，以降低安全风险。

2. 施工监控

在施工过程中，应实施严格的施工监控。通过安装位移计、压力传感器等监控设备，实时监测围岩的位移、压力等数据，确保能及时发现异常情况，并及时采取相应的应对措施,防止事故发生。

3. 应急预案

编制完善的应急预案是确保施工安全的重要环节。应急预案应包括溶洞突水、塌方等突发事件的应对措施,明确应急组织、通信联络、救援路线等细节,确保在紧急情况下能够迅速、有效地进行救援。

4. 人员安全培训

对施工人员进行定期的安全培训和教育,增强他们的安全意识和应对突发事件的能力。培训内容应包括溶洞的基本知识、施工安全规程、紧急救援措施等,确保人员在施工过程中能够自觉遵守安全规定,降低事故发生的可能性。

5. 技术方案论证

在进行溶洞处理时,应进行充分的技术方案论证。邀请经验丰富的专家对方案进行评审,确保所选方案技术可行、安全可靠。避免因方案不当在施工过程中出现安全隐患。

6. 质量与验收

在溶洞处理过程中,应严格控制施工质量,确保各项处理措施符合设计要求和相关规范。同时,在施工完成进行验收时,应按照相关标准进行严格检查,确保施工质量达标,防止因质量不达标而引发安全问题。

(二)技术可行性

在处理水利工程隧洞施工中的溶洞问题时,技术可行性是必须考虑的重要原则。只有确保所采用的技术手段在实践中是切实可行的,才能有效地解决溶洞带来的施工难题,并保证施工的顺利进行。

1. 技术调研与评估

在制订溶洞处理方案之前,应对可用的技术手段进行调研和评估。了解国内外在溶洞处理方面的最新技术和成功案例,结合工程实际情况,筛选出适合的技术方法,确保所选择的技术成熟和可行,能够满足工程要求。

2. 方案比选

根据溶洞的不同情况,可能存在多种处理方案。在方案比选过程中,应综合考虑技术的可行性、可靠性、经济性等方面因素,选取最优方案。通过比选,可以排除一些理论上可行但实践中难以实施或效果不佳的方案,确保所选方案具有实际可操作性。

3. 试验验证

对于一些新的或不太熟悉的技术方法,应在实验室或小范围内进行验证。

通过试验验证,可以评估技术的实际效果和可行性,为大规模应用提供依据。同时,试验验证也是对理论分析的一种补充和验证,确保技术的可靠性和实用性。

4. 技术培训与交流

加强技术培训与交流是确保技术可行性的关键环节。通过培训,可以提高施工人员的技术水平,使他们熟悉并掌握各种溶洞处理技术。同时,技术交流可以帮助施工人员了解最新的技术动态和成功案例,提高他们的实践经验和应对能力。

5. 技术创新与研发

鼓励技术创新和研发是推动技术可行性的重要动力。通过技术创新,可以解决现有技术手段存在的局限性和不足之处,提高溶洞处理的效率和效果。同时,研发新的技术方法可以为隧洞施工提供更多选择,增强技术的可行性。

6. 专家咨询与审查

在处理溶洞问题时,应充分利用专家的专业知识和经验。通过专家咨询和审查,可以对所采用的技术方案进行全面评估,确保其技术可行性、安全性和可靠性。专家的意见和建议可以为决策提供重要依据,降低因技术决策失误而带来的风险。

(三)经济合理

在处理水利工程隧洞施工中的溶洞问题时,除了要确保安全可靠和技术可行,还需要考虑经济合理性。经济合理要求在保证施工质量和安全的前提下,尽可能降低施工成本,提高经济效益。

1. 成本估算与控制

在制订溶洞处理方案时,应进行详细的成本估算。这包括材料成本、人工成本、设备成本、间接费用等方面的估算。通过合理的成本估算,可以对施工预算进行控制,避免浪费。同时,在施工过程中应定期进行成本核算,对实际成本进行监控,确保实际费用不超过预算。

2. 资源优化利用

合理利用资源是降低施工成本的重要途径。优化资源配置,提高资源利用效率,可以减少浪费,降低工程成本。例如,合理安排施工机械的使用,避免机械闲置和浪费;优化施工组织,提高劳动生产率等。

3. 技术经济比选

在进行技术方案比选时,除了考虑技术的可行性、可靠性,还应考虑其经济性。选取经济上合理的方案，既能够满足工程要求，又能够降低施工成本。通过技术经济比选，可以找到最佳的平衡点，实现经济与技术的双重优化。

4. 长期效益评估

在考虑溶洞处理方案的经济合理性时，不应仅关注短期内的成本投入，还应考虑长期效益。一些短期内看似成本较高的方案，可能在长期内带来更大的经济效益。例如，某些先进的施工技术虽然初期投入较大，但可以缩短工期、提高工程质量，从而减少后期维护费用。因此，在评估经济合理性时，应进行长期的效益预测和评估。

5. 市场调查与材料选型

在选择施工材料和设备时，应进行市场调查，了解材料和设备的价格、性能、供应情况等信息。根据工程需求和市场状况，选择性价比高的材料和设备，既能保证工程质量，又能降低工程成本。同时，应关注材料和设备的长期维护和更新成本，确保整个工程的经济合理性。

6. 合同管理与索赔

在签订施工合同时，应明确溶洞处理的相关条款和要求。合理制定合同条款，明确双方权利义务，避免后期产生合同纠纷。同时，应具备索赔意识，对因对方原因导致的成本增加或工期延误，应及时提出索赔要求，维护自身经济利益。

三、溶洞施工处理方法

（一）填充处理

1. 清理洞内杂物

在处理水利工程隧洞施工中的溶洞问题时，清理洞内杂物是填充处理的第一步。溶洞内部可能存在各种杂物，如泥沙、石块、树木等，这些杂物如果不进行清理，将影响填充材料的密实度和稳定性。因此，在填充处理前，必须对洞内杂物进行彻底清理。清理工作应采用适当的工具和方法，确保杂物被完全清除，不留死角。对于一些大型杂物，可采用机械方式进行破碎或搬运；对泥沙等细小颗粒物，可采用水力冲洗或吸尘器进行清除。在清理过程中，应注意保护洞壁和洞顶的完整性，避免造成不必要的破坏。清理完毕后，应将洞内积水排干，确保填充施工的环境干燥。同时，应定期检查清理效果，如有必要，可进行重复清理，确保填充处理的质量和安全。

2. 选择合适的填充材料

在填充溶洞时，选择合适的填充材料至关重要。填充材料应具备以下特性；足够的强度和稳定性，能够支撑隧洞的结构载荷；良好的抗水性能，能够抵抗地下水的侵蚀；易于施工，能够方便地注入溶洞并填充空隙。

常见的填充材料包括混凝土、浆砌石、水泥砂浆等。混凝土是一种常用的填充材料，具有强度高、稳定性好、耐久性长等优点，适用于各种规模的溶洞填充。浆砌石则是一种就地取材的填充材料，能够充分利用当地的石料资源，适用于石质溶洞的填充。水泥砂浆是一种黏结性强的填充材料，适用于填充小型溶洞或缝隙。

在选择填充材料时，应综合考虑溶洞的规模、地质条件、施工条件等因素。大型溶洞或需要高强度支撑的区域，应优先选择混凝土作为填充材料。小型溶洞或缝隙，选择水泥砂浆或浆砌石可能更为合适。同时，应考虑材料的环保性能和可持续性，优先选择当地的材料或可再生资源。

此外，填充材料的配合比应根据溶洞的具体情况进行设计。通过试验确定合适的配合比，以保证填充材料的性能符合工程要求。在施工过程中，应严格控制填充材料的品质和配合比，确保填充质量。

3. 填充施工与养护

填充施工是溶洞处理的关键环节，其质量直接关系到隧洞的稳定性和安全性。在填充施工前，应制订详细的施工方案，包括填充材料的制备、运输、注入等环节。为确保填充施工的顺利进行，应合理安排施工顺序，优先填充关键区域，再进行全面填充。在填充过程中，应采用适当的施工机械和技术措施，提高填充效率和质量。对大型溶洞或需要特殊处理的区域，可采用分段填充的方法，逐步完成填充工作。

填充完成后，养护工作同样重要。适当的养护能够保证填充材料的性能得到充分发挥，提高溶洞处理的长期效果。应根据填充材料的特点和工程要求，制订合理的养护方案。对混凝土等需要硬化的填充材料，应采取适当的洒水、覆盖等措施，保持其湿润状态，促进硬化过程的进行。对浆砌石、水泥砂浆等填充材料，应定期检查其密实度和稳定性，及时进行修补和加固，确保其长期稳定。

在填充施工与养护过程中，应加强质量监控和安全管理。对填充材料的品质、配合比、施工过程等进行严格控制，确保填充质量符合设计要求。同时，采取必要的安全措施，防止施工过程中发生安全事故。通过科学合理的施工与养护，能够有效地提高水利工程隧洞施工中溶洞的处理效果，保障工程的安全和稳定。

(二)加固处理

1. 锚杆加固

锚杆加固是处理水利工程隧洞施工中溶洞问题的一种有效方法。在溶洞周围钻孔并插入锚杆,利用锚杆的锚固力对溶洞岩体进行加固,提高其整体稳定性和承载能力。锚杆加固能够有效地防止溶洞坍塌,减少施工风险,提高隧洞施工的安全性。在锚杆加固过程中,应先对溶洞岩体进行勘测和分析,确定锚杆的位置、数量和规格。根据岩体的实际情况,选择合适的钻孔直径和深度,确保锚杆能够深入到稳定的岩层中。插入锚杆时,应采用适当的安装技术,确保锚杆的位置和角度准确,同时需对锚杆进行防腐和防锈处理,提高其耐久性。此外,应定期对锚杆加固效果进行检查和维护,及时发现并处理潜在的问题,确保隧洞施工的安全进行。

与其他加固方法相比,锚杆加固具有施工简便、效果显著、成本较低等优点。然而,锚杆加固也存在一定的局限性,例如,对较大范围的溶洞处理效果可能不太理想。因此,在选择锚杆加固方法时,应综合考虑隧洞施工的具体情况、地质条件、工程要求等因素,并进行充分的技术和经济评估,确保采取的加固措施合理有效。

2. 钢筋混凝土梁加固

钢筋混凝土梁加固是一种有效的溶洞处理方法,在溶洞上方或周边设置钢筋混凝土梁,利用梁的支撑作用将岩体荷载传递至稳定的岩层,从而提高溶洞区域的稳定性。在钢筋混凝土梁加固过程中,应进行详细的勘测和分析,确定梁的位置、尺寸和配筋。根据溶洞的规模和地质条件,设计合理的梁结构,确保其具有足够的承载能力和稳定性。施工时,应先对梁的基底进行处理,确保其平整、坚实。再按照设计要求进行钢筋骨架的架设和混凝土的浇筑。为确保混凝土的质量和耐久性,应选择合适的水泥品种、骨料和外加剂,并进行配合比的优化设计。在浇筑过程中,应加强混凝土的振捣和养护,确保其密实度和强度。

钢筋混凝土梁加固具有承载能力强、耐久性好、施工方便等优点。它能将岩体荷载传递至稳定的岩层,减少溶洞坍塌的风险,提高隧洞施工的安全性。然而,钢筋混凝土梁加固也存在一定的局限性,对较大范围的溶洞处理或地下水丰富的地区,其适用性可能受到限制。因此,在选择钢筋混凝土梁加固方法时,应综合考虑隧洞施工的具体情况、地质条件、工程要求等因素,并进行充分的技术和经济评估,确保采取的加固措施合理有效。

(三)跨越处理

1. 设计合理的跨越结构

设计合理的跨越结构是处理水利工程隧洞施工中溶洞问题的重要措施之一。通过构建跨越溶洞的特殊结构,可以有效地规避溶洞区域,降低施工难度和风险。在设计中,应根据隧洞施工条件、地质勘查资料等,选择合适的跨越方式和结构形式。对规模较大、处理困难的溶洞,可采用桥梁、框架等结构形式进行跨越。对规模较小、较为分散的溶洞,可采用填筑、开挖等简易跨越方式。在确定跨越结构时,应充分考虑结构的承载能力、稳定性、耐久性及施工可行性等要求。同时,应进行详细的结构分析和计算,确保结构的安全可靠。此外,跨越结构的选材和施工方法也应根据实际情况进行选择和优化,保证施工质量和安全。

合理的跨越结构设计能够有效地解决隧洞施工中的溶洞问题,降低施工难度和风险,提高施工效率和质量。然而,跨越处理也存在一定的局限性和挑战。例如,对于规模巨大、情况复杂的溶洞,设计合理的跨越结构可能较为困难;跨越结构的施工可能受地质条件、环境因素等影响,需要采取相应的措施进行处理。因此,在采用跨越处理方法时,应进行充分的技术和经济评估,综合考虑各种因素,确保采取的跨越措施合理有效。

2. 确保跨越结构的稳定性

确保跨越结构的稳定性是跨越处理方法中的关键环节。在水利工程隧洞施工中,溶洞的规模、位置和地质条件等参数可能较为复杂,给跨越结构的稳定性带来挑战。为了确保跨越结构的稳定性,应采取一系列措施。首先,应进行详细的地质勘查和资料收集,了解溶洞的分布、规模、地质构造等信息,为结构设计提供准确的依据。其次,应根据工程要求和实际情况,进行详细的结构分析和计算,确定合理的结构、尺寸和材料。最后,应充分考虑结构的自重、外部荷载、温度变化等因素,以及可能出现的地震、洪水等自然灾害的影响,确保结构的安全和稳定。

在施工过程中,应采取有效的措施来保证结构的稳定性。例如,采用适当的施工方法和技术,确保施工质量和安全;加强施工监测和检测,及时发现和处理问题;采取适当的防护措施,防止结构受到外部损伤和破坏。同时,定期对跨越结构进行检查和维护,确保其在使用过程中的稳定和安全。

为了提高跨越结构的稳定性,还可采取一些辅助措施。例如,在跨越结构下方设置桩基、扩大基底面积等,提高结构的承载能力和稳定性;在结构表面采取防腐蚀、防磨损等措施,提高结构的耐久性;在可能受到水流冲刷的部位设置保护设施，防止水流对结构的冲刷和破坏。

综上所述，确保跨越结构的稳定性是跨越处理方法中的重要环节。在采取相应的措施时，应综合考虑工程要求、地质条件、施工条件等因素，并进行充分的技术和经济评估，确保采取的措施合理有效。

（四）排水处理

1. 确定排水方案

在水利工程隧洞施工中，排水处理是解决溶洞问题的重要措施之一。通过排水，可以降低溶洞内的水位，减轻岩体的渗水压力，提高隧洞施工的安全性和稳定性。在确定排水方案时，应先进行详细的地质勘查和资料收集，了解溶洞的分布、规模、连通性等信息，以便制订合理的排水措施。根据溶洞的实际情况，可以选择不同的排水方案。例如，对于规模较小、较为分散的溶洞，可以采用“堵排”的方式，即通过注浆等措施对溶洞进行封堵，防止渗水流入隧洞。对于规模较大、连通性较好的溶洞，可以采用“排引”的方式，即通过钻孔、挖槽等方式将溶洞内的水引入集水井或其他较低洼处，再通过水泵等设备将水排出隧洞区域。

在制订排水方案时，应充分考虑隧洞施工的具体情况、地质条件、工程要求等因素。同时，应进行详细的水文计算和分析，确定合理的排水流量、水泵型号等。在施工过程中，应加强排水设施的维护和管理，确保其正常运行和使用效果。

合理的排水方案能够有效地降低溶洞内的水位，减轻岩体的渗水压力，提高隧洞施工的安全性和稳定性。然而，排水处理也存在一定的局限性和挑战。例如，对于地下水丰富、排水难度较大的地区，制订合理的排水方案可能较为困难；排水设施的施工和管理可能受地质条件、环境因素等影响，需要采取相应的措施进行处理。因此，在选用排水处理方法时，应进行充分的技术和经济评估，综合考虑各种因素，确保采取的排水措施合理有效。

2. 安装排水设施

安装排水设施是排水处理中的关键环节，其目的是将溶洞内的水有效地排出，降低水位，减小渗水压力。在安装排水设施时，应遵循以下步骤。

（1）根据排水方案的设计要求，确定排水设施的位置和数量。排水设施应设置在溶洞的底部或较低的位置，以便将水引出。同时，考虑到隧洞施工中的其他工程需求，应合理安排排水设施的位置，避免相互干扰。

（2）选择合适的排水设施材料。常用的排水设施材料有塑料管、钢管等。根据溶洞内的水质、水压等条件选择合适的材料，并确保其具有足够的抗压和耐腐蚀性能。

(3)进行排水设施的安装。根据确定的方案和选定的材料,进行排水管的铺设和固定。在安装过程中,应注意管道的密封性,防止渗漏。同时,应合理安排排水管的走向,避免出现急弯或陡坡,以减小水流的阻力。

(4)安装水泵等抽水设备。根据排水流量和溶洞内的水位高度,选择合适的水泵型号和数量。水泵应安装在排水管的出口处,以便将水抽出。同时,应配备相应的控制系统和安全保护装置,确保水泵的正常运行和安全使用。

在安装排水设施时,应注意施工质量和安全。应严格按照设计要求进行施工,确保排水设施的位置、数量、材料和安装质量符合标准。同时,加强施工现场的监测和管理,防止出现意外事故。

通过合理安装排水设施,能够有效降低溶洞内的水位,减小渗水压力,提高隧洞施工的安全性和稳定性。同时,排水设施的安装也为隧洞施工中的其他工程提供了良好的作业环境,有利于提高整个工程的质量和效益。

(五)绕行处理

1. 设计合理的绕行路线

当水利工程隧洞施工遇到大规模、复杂的溶洞时,设计合理的绕行路线是一种有效的应对措施。绕行处理是为了避开溶洞区域,选择合适的线路进行施工,从而降低施工难度和风险。在制定绕行路线时,应充分考虑隧洞地质勘查资料、施工条件,以及工程要求等因素。通过对溶洞的分布、规模、地质构造等进行深入分析,确定合理的绕行方案。

设计绕行路线时,应遵循安全、经济、可行的原则。要确保新线路的地质条件相对稳定,尽量避开不良地质区域,降低施工风险。要考虑线路的长度和坡度,在满足工程需求的前提下,尽量选择较短、坡度较小的线路,以降低施工难度和成本;绕行路线的选择还应考虑施工条件和环境因素,如施工机械的通行能力、征地拆迁的影响等。

在确定绕行路线后,应进行详细的结构设计和施工方案编制。对于可能出现的风险和问题,应提前制订应对措施,并加强施工现场的监测和管理。同时,应重视环境保护和水土保持工作,尽量减少施工对周边环境的影响。

合理的绕行路线设计能够有效地解决隧洞施工中的溶洞问题,降低施工难度和风险。然而,绕行处理也存在一定的局限和挑战。例如,对于地形复杂、环境敏感的地区,设计合理的绕行路线可能较为困难;绕行路线的施工可能受地质条件、环境因素等影响,需要采取相应的措施进行处理。因此,在采取绕行处理方法时,应进行充分的技术和经济评估,综合考虑各种因素,确保采取的绕行措施合理有效。

2. 确保绕行路线的可行性

确保绕行路线的可行性是绕行处理方法中的关键环节。在水利工程隧洞施工中,如果遇到大规模、复杂的溶洞,设计合理的绕行路线是必要的。为了确保绕行路线的可行性,应进行充分的技术和经济评估,综合考虑各种因素,确保绕行路线的合理性和有效性。

在设计路线前,应进行详细的地质勘查和资料收集,了解绕行区域的地质构造、岩体性质、水文条件等信息。通过对这些信息的分析,评估绕行路线的地质稳定性,预测可能出现的风险和问题。

设计路线时,应进行详细的结构设计和计算。根据工程要求和实际情况,确定合理的结构、尺寸和材料。同时,应充分考虑结构的承载能力、稳定性、耐久性等因素,以及可能出现的地震、洪水等自然灾害的影响。通过结构分析和计算,确保绕行路线的安全。

还应考虑施工条件和环境因素对绕行路线可行性的影响。评估施工机械的通行能力、施工难度和工期等因素,制订合理的施工方案。同时,应加强施工现场的监测和管理,及时发现和处理问题。

在确保绕行路线的可行性时,还应重视环境保护和水土保持工作。尽量减少施工对周边环境的影响,采取相应的措施进行环境保护和水土保持。

综上所述,确保绕行路线的可行性是绕行处理方法中的重要环节。在采取相应的措施时,应综合考虑工程要求、地质条件、施工条件等因素,并进行充分的技术和经济评估,以确保采取的措施合理有效。

第二节　隧洞涌水问题与处理措施

一、隧洞涌水问题的原因分析

(一)地下水压力变化

隧洞涌水问题的一个重要原因是地下水压力的变化。在水利工程隧洞施工过程中,由于施工扰动和外部环境因素的影响,地下水压力平衡可能会被打破。原本处于相对稳定状态的地下水,其压力可能会发生变化,导致大量涌水。

地下水压力变化的原因有多种。施工过程中,开挖和排水可能会降低地下水位,使原本处于平衡状态的地下水受到扰动,压力发生变化。地质构造和岩层特性的变化也可能影响地下水压力。例如，断层、裂隙等地质结构可能会成为地下水流动的通道，使水压发生变化。自然灾害如地震、山体滑坡等也可能影响地下水压力，导致涌水问题。

地下水压力变化对隧洞施工的影响不容忽视。涌水发生时，会增加施工的难度和危险性，可能导致施工进度受阻。大量涌水可能会冲毁隧洞结构，对工程质量造成严重影响。而地下水中的化学成分可能会对隧洞造成腐蚀，影响工程使用寿命。涌水还可能对周边环境造成影响，如破坏生态平衡、影响农田灌溉等。

(二)地质构造和岩层特性

地质构造和岩层特性是影响隧洞涌水问题的另一个重要因素。在水利工程隧洞施工过程中，地质构造和岩层特性的差异会对地下水的分布和流动产生影响，从而引发涌水问题。

地质构造指的是地壳中岩石的构造和排列方式，包括断层、褶皱、裂隙等。这些地质构造可能会成为地下水的通道或储存空间，影响地下水的流动和压力分布。在隧洞施工过程中，如果遇到这些地质构造，就可能引发涌水问题。

岩层特性主要指岩石的孔隙率、渗透性、含水性等。这些特性决定了岩石对水的吸附能力和渗透性能，从而影响地下水的流动和压力分布。不同的岩层特性会对隧洞涌水产生不同的影响。例如，孔隙率和渗透性较高的砂岩层，容易产生涌水问题；而渗透性较低的页岩层，则相对不易产生涌水。

地质构造和岩层特性的变化可能引发隧洞涌水问题的主要原因包括：断层、裂隙等地质构造可能成为地下水流动的通道，使原本处于稳定状态的地下水受到扰动，压力发生变化，引发涌水；岩层特性的变化可能影响地下水的流动和压力分布，如岩石的孔隙率和渗透性发生变化，可能导致地下水流动受阻或压力失衡，引发涌水。

(三)施工方法与工艺的影响

施工方法与工艺的选择对隧洞涌水问题具有重要的影响。在水利工程隧洞施工中，不同的施工方法与工艺对地下水的干扰程度不同，从而影响涌水发生的可能性。

施工方法的选择很大程度上决定了涌水问题发生的可能性。例如，采用盾构法施工的隧洞，由于其施工过程对周围岩土体的干扰较小，地下水流失较少，因此涌水问题相对较少。而采用钻爆法施工的隧洞，施工过程中对岩土体的扰动较大，容易导致地下水流失和压力失衡，从而引发涌水问题。

施工工艺的细节处理，也会对涌水问题产生影响。例如，在隧洞开挖过程中，合理的排水措施可以有效降低地下水位，减少涌水的发生。同时，在喷射混凝土等工艺中，如果能够合理控制混凝土的配合比和施工方法，可以减少对地下水的干扰，从而降低涌水的可能性。

(四)自然灾害与气候条件

自然灾害与气候条件是引发隧洞涌水问题的另一个重要原因。在水利工程隧洞施工过程中，一些自然灾害与极端气候条件可能会影响地下水的分布和流动，从而导致涌水问题。

自然灾害如地震、山体滑坡等，可能会破坏地下水的平衡状态，引发涌水。地震会扰动地下水压力，使原本稳定的地下水流动受阻或改变方向，从而形成涌水。山体滑坡可能会破坏地下水的自然通道，导致地下水在滑坡处聚集，形成大规模的涌水。

气候条件的变化也会影响隧洞涌水问题。降水和洪水等气候事件会增加地下水的水量，使原本稳定的地下水压力发生变化，导致涌水。持续的降水可能会导致地下水位上升，增加隧洞施工中的涌水风险。此外，极端气候条件如干旱或洪涝灾害也可能对隧洞施工中的涌水问题产生影响。

二、涌水问题的危害与影响

(一)对施工安全的影响

1. 施工环境恶化

大量涌水可能使隧洞内的能见度降低，增加施工人员的操作难度。同时，隧洞内积水增多，可能导致地面湿滑，增加施工机械的运作风险。

2. 设备损坏

涌水可能对施工设备造成冲击，影响设备的正常运行，甚至可能导致设备损坏。此外，积水也可能引发电击等安全事故。

3. 塌方风险增加

由于水的侵蚀和压力作用，隧洞的支撑结构可能受到破坏，增加隧洞塌方的风险。一旦发生塌方，不仅影响施工进度，还会对施工人员的生命安全构成威胁。

4. 人员伤害

涌水可能导致施工人员溺水或遭遇其他突发危险。此外，由于隧洞内环境复杂，处理涌水问题时可能需要人员进行潜水或其他危险作业，进一步增加了安全风险。

5. 延误工期

涌水问题可能导致施工暂停，等待排水或处理措施完成后才能继续施工。这不仅增加了工程成本，还可能影响工程按时完成。

6. 施工质量下降

涌水可能影响混凝土等材料的凝固效果，导致隧洞结构强度下降，影响工程质量。

7. 排水困难

对于大量涌水的隧洞而言，排水成为一项挑战。水泵的选择和布置需要充分考虑隧洞的实际情况，否则可能导致排水效率低下或引发其他安全问题。

（二）对施工进度的影响

1. 施工暂停

当隧洞内出现大量涌水时，为了确保施工安全，通常需要暂停施工。等待水排出后，才能继续进行挖掘、衬砌等作业。频繁的施工暂停会导致施工效率降低，延长工期。

2. 排水费用增加

为了有效排水，可能需要增加水泵的数量和功率，或者采用其他排水措施。这些额外的排水费用会增加工程成本，进一步影响施工进度。

3. 施工难度增加

涌水可能使隧洞内部变得泥泞湿滑，增加了施工机械的运作难度。同时，隧洞内的能见度也可能降低，影响施工人员的操作。这些因素都可能导致施工效率降低，延长工期。

4. 工程量增加

在处理涌水问题时，可能需要进行额外的排水、清淤、加固等作业。这些额外的工程量会增加施工时间和成本，影响施工进度。

5. 人员和物资调配

涌水导致的施工暂停或改变施工计划，可能需要重新调配施工人员和物资。这可能导致人力和物力资源的浪费，进一步影响施工进度。

（三）对工程质量的影响

1. 混凝土质量下降

隧洞内的涌水会导致混凝土中的水灰比失衡，使混凝土的凝固时间和强度受到影响。在大量涌水的区域，混凝土可能无法完全凝固，导致其抗压、抗渗性能下降。

2. 衬砌结构稳定性受损

衬砌是隧洞的主要承载结构。涌水可能侵蚀衬砌背后的土壤,降低其稳定性。长时间或大量涌水可能导致衬砌结构变形、开裂,甚至塌陷。

3. 施工缝、渗漏等问题

涌水可能使新旧混凝土之间的黏结力下降,导致施工缝过早开裂。同时,衬砌的防水层可能受到涌水的冲刷和腐蚀,导致隧洞在使用过程中出现渗漏现象。

4. 设备腐蚀

涌水中可能含有各种化学物质,这些物质可能对隧洞内的金属设备造成腐蚀,缩短设备的使用寿命。

5. 地质灾害风险增加

长时间或大量的涌水可能导致周围岩土体的失稳,增加地质灾害发生的风险,如塌方、滑坡等。

6. 排水系统堵塞

涌水可能挟带大量的泥沙和其他杂质,这些物质在排水系统中沉积,可能导致排水系统的堵塞,影响隧洞的正常使用。

7. 运营维护成本增加

涌水导致的工程质量问题需要进行维修和加固,这会增加隧洞的运营维护成本。

(四)对生态环境的影响

1. 水文平衡破坏

隧洞施工可能改变地下水的流向和流量,影响区域水文平衡。涌水导致地下水流失,可能引发地面沉降、水井干涸等问题,影响当地居民和生态环境的水需求。

2. 水质污染

涌水中可能含有悬浮物、重金属、化学物质等污染物,这些物质可能对周边水源造成污染,影响当地居民的饮用水安全和地表水体的生态健康。

3. 生物栖息地破坏

隧洞施工可能破坏原有的湿地、河流、湖泊等生物栖息地,影响当地动植物的生存和繁衍。涌水可能改变土壤生物的生存环境,对其种群数量和分布产生影响。

4. 土地侵蚀与泥沙淤积

涌水挟带的大量泥沙可能在下游河床或湖泊中淤积,改变地形地貌,影响水域的行洪能力和生态功能。同时,泥沙流失也可能导致土地侵蚀,破坏土地资源和农业生产力。

5. 温室气体排放

在处理涌水的过程中,可能释放出甲烷等温室气体。这些气体的排放可能导致全球气候变化加剧,对全球生态环境产生深远影响。

6. 生态恢复困难

受到涌水影响的生态系统,恢复可能需要很长时间,且不一定能够完全恢复到原始状态。生态恢复过程中的物种入侵、土壤污染等问题也可能进一步加剧生态环境的恶化。

三、涌水问题的预防措施

(一)施工前地质勘查与水文资料收集

在水利工程隧洞施工前,进行充分的地质勘查和水文资料收集是预防涌水问题的重要措施。地质勘查的目的是了解隧洞区域的地质构造、岩层分布、裂隙发育,以及地下水流向、水位等情况。通过地质勘查,可以识别潜在的涌水风险区域,为制订科学合理的施工方案提供依据。同时,详细的水文资料收集有助于了解当地的水文特征、降水量、水库蓄水情况等,从而预测可能发生的涌水情况。

为了确保地质勘查和水文资料收集的准确性和完整性,可以采用先进的勘查技术和设备。例如,采用地球物理勘探方法(如电法、地震波法等)可以探查地下岩层的分布和结构,检测裂隙和含水层的空间位置。同时,运用遥感技术、GIS 系统等手段可以更全面地获取区域地质和水文信息,提高数据处理的效率和精度。

在地质勘查和水文资料收集的基础上,可以进行详细的分析和评估。分析地质构造、断层、裂隙等对隧洞施工的影响,评估地下水的流量、水位及变化规律对涌水风险的影响。结合分析评估结果,可以制订有针对性的涌水预防措施。

除了地质勘查和水文资料收集,还需要加强与其他相关部门的合作与沟通。与当地气象部门合作,获取准确的降水预报信息,有助于预测可能发生的涌水情况并提前采取应对措施。与当地水文部门合作,共享水文数据和监测信息,可以更好地了解地下水的动态变化。

综上所述,施工前地质勘查与水文资料收集是预防隧洞涌水问题的重要环节。通过详细的地质勘查和水文资料收集,可以全面了解隧洞区域的地质和水文条件，识别潜在的涌水风险，并制订有针对性的预防措施。同时，加强与其他相关部门的合作与沟通，可以提高数据获取的准确性和全面性，为隧洞施工提供有力支持。

(二)制订科学合理的施工方案与应急预案

在水利工程隧洞施工中，制订科学合理的施工方案与应急预案也是预防涌水问题的重要措施。科学合理的施工方案能够确保隧洞施工的安全、质量和进度，而完善的应急预案则有助于应对突发状况，降低事故风险。

施工方案的制订应充分考虑隧洞工程的特点、地质条件、涌水风险等因素。根据地质勘查和水文资料收集的结果，对隧洞施工区域进行详细的分析和评估，确定施工方法和工艺。在涌水风险较高的区域，应采取适当的预防措施，如加强排水、设置止水结构等。同时，应合理安排施工进度，避免在雨季等不利条件下进行关键施工，降低涌水风险。

应急预案的制订应结合隧洞施工的特点和实际情况，针对可能发生的涌水事故制订相应的应对措施。应急预案应包括应急组织、通信联络、人员撤离、抢险救援等方面的内容。在应急组织方面，应建立应急指挥机构，明确各部门的职责和任务；在通信联络方面，应确保通信设备畅通，以便及时传递信息和指令；在人员撤离方面，应制订详细的撤离路线和安全措施，确保人员的安全撤离；在抢险救援方面，应配备专业的抢险救援队伍和设备，以便及时处置突发状况。

为了确保施工方案和应急预案的有效实施，应加强培训和演练。对施工人员进行安全教育和技能培训，使其掌握必要的应急知识和技能；对应急救援人员进行专业培训和演练，提高其应对突发状况的能力。同时，应定期对应急预案进行评估和修订，确保其适应实际情况的变化。

综上所述，制订科学合理的施工方案与应急预案是预防隧洞涌水问题的重要措施。通过制订符合工程实际的施工方案，采取适当的预防措施，可以降低涌水风险；通过制订完善的应急预案，加强培训和演练，可以应对突发状况，降低事故风险。在实际施工过程中，应密切关注天气变化、地质状况等动态因素，及时调整施工方案和应急预案，确保隧洞施工的安全顺利进行。

(三)强化施工现场管理与安全监管

为了预防隧洞涌水问题，还需强化施工现场管理与安全监管。通过建立健全的施工现场管理制度，加大安全监管力度，可以降低施工过程中的安全风险，确保隧洞施工的顺利进行。

只有建立健全的施工现场管理制度，明确各级管理人员和操作人员的职责和权限，才能确保各项安全措施得到有效执行。编制详细的安全操作规程和作业指导书，规范施工人员的操作行为，避免因操作不当引发安全事故。同时，建立施工现场的安全检查制度，定期对施工现场进行安全检查，及时发现和消除安全隐患。

此外，应加大安全监管力度，确保各项安全措施得到有效落实。安全监管人员应具备相应的专业知识和技能，能够及时发现和解决施工现场存在的安全问题。加强对施工人员的安全教育和培训，增强其安全意识和自我保护能力。同时，应加强对施工现场的监控和监测，及时掌握施工现场的安全状况，为采取相应的应对措施提供依据。

针对隧洞施工的特点，还应采取相应的安全措施和技术手段。在隧洞入口设置防洪设施，防止暴雨等天气对施工造成影响；加强排水系统建设，确保隧洞内的积水能够及时排出；在关键施工区域设置安全警示标志和防护设施，防止人员误入危险区域；采用先进的监测技术，对隧洞施工区域的地质状况进行实时监测，及时发现和应对异常情况。

为了提高施工现场管理和安全监管的效率和质量，应积极引入现代化信息技术手段。通过建立信息化管理系统，实现施工现场的实时监控、数据采集和分析、安全隐患预警等功能。这有助于提高安全管理水平，降低安全风险，保障隧洞施工的顺利进行。

综上所述，强化施工现场管理与安全监管是预防隧洞涌水问题的关键措施之一。通过建立健全的施工现场管理制度、加大安全监管力度、采取相应的安全措施和技术手段等，可以降低施工过程中的安全风险，保障隧洞施工的顺利进行。同时，应积极引入现代化信息技术手段，提高安全管理水平，为水利工程隧洞施工提供有力保障。

（四）重视涌水预测与监测技术的应用

在水利工程隧洞施工中，涌水预测与监测技术的应用对预防涌水问题具有重要意义。通过运用先进的预测和监测技术，可以及时发现涌水的迹象，并采取相应的应对措施，降低事故风险。

涌水预测技术是预防涌水问题的重要手段之一。根据地质勘查和工程实践经验，可以采用数值模拟、水文地质比拟等方法，对隧洞施工中的涌水风险进行预测和分析。数值模拟技术可以通过对地质结构和地下水流场的模拟，预测施工过程中的涌水现象。水文地质比拟法则是利用相似地质条件下的水文地质数据进行类比分析，为涌水预测提供依据。

在涌水预测的基础上，应加强监测技术的运用。监测技术可以对隧洞施工区域的地质状况进行实时监测,及时发现异常情况。采用地面沉降监测、地下水位监测、应力应变监测等技术手段,可以获取施工区域内的地质变形、水位变化、应力应变等信息。通过对监测数据的分析,可以判断涌水的可能性,并及时采取应对措施。

同时,应重视监测数据的处理和分析。采用专业的软件对监测数据进行处理,提取有用的信息,分析涌水的趋势和规律。通过数据分析,可以对隧洞施工中的涌水风险进行评估和预测,为制订科学合理的施工方案和应急预案提供依据。

为了提高涌水预测与监测技术水平,应加强科技研发和技术创新。积极引进国内外先进的涌水预测和监测技术,结合工程实际情况进行技术改造和升级。同时,加强与高校、科研机构的合作与交流,开展相关研究工作,推动科技成果的转化和应用。

综上所述,重视涌水预测与监测技术的应用,可以有效预防隧洞涌水问题。通过运用先进的预测和监测技术,可以及时发现涌水的迹象,并采取相应的应对措施,降低事故风险。同时,加强科技研发和技术创新,提高涌水预测与监测技术水平,为水利工程隧洞施工提供有力保障。在实际应用中,应结合工程实际情况,选择合适的涌水预测与监测技术手段,确保隧洞施工的安全顺利进行。

四、涌水问题的处理措施

(一)截水与排水措施

1.截水墙的设立与维护

在处理水利工程隧洞施工中的涌水问题时,设立和维护截水墙是一项重要的措施。截水墙主要用于截断地下水流,防止涌水进入隧洞,从而降低隧洞施工中的水压力和涌水量。

截水墙的设立应充分考虑地质条件、水文资料和施工环境等因素。在施工前,应对隧洞周围的地质进行详细勘查,了解地下水的流向、水位和压力等参数。根据勘查结果,设计截水墙的位置、结构和尺寸,确保其能够有效地截断地下水。

截水墙的施工应严格遵守相关规范和安全操作规程。在施工过程中,应采取适当的支护措施,确保施工安全。同时,应加强排水工作,及时排出墙体内的积水,避免墙体受到水压力的作用而发生变形或坍塌。

截水墙的维护对于保障隧洞施工安全至关重要。在施工过程中,应定期检查截水墙的状态,确保其结构完整,无裂缝或渗漏等现象。如发现异常情况,应及时采取修复措施,防止涌水进入隧洞。

此外,在隧洞施工完成后,也应加强对截水墙的长期监测和维护。定期检查墙体的稳定性,防止因地质变化、地下水压力波动等因素导致的墙体变形或损坏。如发现墙体存在安全隐患,应及时采取加固措施,确保隧洞的安全运行。

为了提高截水墙的稳定性和耐久性,还应加强其材料的选择和结构设计。选择高质量的建筑材料,如混凝土、钢材等,确保墙体具有足够的强度和稳定性。同时,应结合工程实际进行截水墙的结构设计,优化其受力性能,降低因地质变化和水压力波动等因素对其稳定性的影响。

通过科学合理的设计、严格的施工和维护,可以有效地截断地下水流,降低隧洞施工中的涌水风险,保障施工安全。同时,加强监测和维护工作,确保截水墙的长期稳定性和可靠性,为水利工程的安全运行提供有力保障。

2. 排水沟的设置与清淤

在水利工程隧洞施工中,为了有效处理涌水问题,除了设立截水墙,设置和维护排水沟也是一项重要的措施。排水沟主要用于汇集隧洞周围的地下水和裂隙水,将其排出施工区域,从而降低隧洞内的涌水量和压力。

排水沟的设置应综合考虑隧洞施工区域的地形、地质和水文条件。根据隧洞进出口的位置和走向,合理规划排水沟的布局,确保其能够有效地汇集地下水。同时,排水沟的断面尺寸应根据汇水流量的大小进行设计,以满足排水需求。

在施工过程中,应定期清理和维护排水沟。及时清理沟内的淤泥和杂物,保持排水沟的通畅。对于堵塞严重的排水沟,应采取相应的疏通措施,如使用水泵或人工清淤等。同时,应定期检查排水沟的结构状况,如发现裂缝或损坏,应及时进行修复,防止排水沟出现漏水或垮塌等现象。

为了提高排水沟的排水效果,还应采取一些辅助措施。例如,在排水沟的下游设置集水坑或集水池,用于暂时存储排出的地下水,避免其回流到隧洞施工区域。同时,在排水沟的出口处设置过滤网或格栅,防止杂物进入排水系统,造成堵塞。

此外,对于一些特殊的地质条件,如裂隙发育、地下水流量大等,可能需要采取特殊的排水措施。例如,设置深层排水孔、安装水泵等,可以增强排水效果,降低隧洞施工中的涌水风险。

综上所述,通过合理规划排水沟的布局、定期清理和维护、采取辅助措施等手段，可以有效地降低隧洞内的涌水量和水压力，保障施工安全。同时，加强监测和维护工作，确保排水沟的长期稳定性和可靠性，为水利工程的安全运行提供有力保障。在实际应用中，应根据工程实际情况选择合适的排水措施，综合考虑地质、地形、水文等因素，以达到最佳的排水效果。

3. 水泵的选型与使用管理

在水利工程隧洞施工中，水泵的选型与使用管理对处理涌水问题至关重要。针对隧洞施工中的涌水风险，合理选择水泵的类型、规格和数量，并加强使用管理，是保障施工安全的重要措施。

应根据隧洞施工区域的水文地质条件、涌水量大小及排水要求，选择合适的水泵类型。对于流量较大、扬程较高的涌水，应选择大功率、高扬程的水泵；对于流量较小、扬程较低的涌水，可选择小功率、低扬程的水泵。同时，应考虑水泵的可靠性和耐久性，选择品质优良的水泵品牌和型号。

在安装水泵时，应遵循安全、可靠的原则。确保水泵的基础稳固，将水泵安装在合理位置，便于排水管路的连接。在安装过程中，应注意保护水泵及其部件，避免因撞击、摩擦等造成损坏。

在使用水泵过程中，应加强日常维护和保养。定期检查水泵的运行状况，如发现异常声音、振动或漏水等现象，应及时停机检查并进行维修。同时，应定期清理水泵内部的淤泥和杂物，保持水泵的良好运行状态。

同时，应建立完善的水泵使用管理制度。明确操作人员的职责和操作规程，确保水泵的安全、正常运行。对操作人员进行培训和考核，增强其操作技能和安全意识；应加强水泵运行过程中的监控和监测，及时发现和解决潜在问题。

为了提高水泵的排水效率，还可以采取一些辅助措施。例如，定期对排水管路进行检查和维护，确保管路畅通无阻；在涌水量较大的区域增设排水孔或排水管道，增加排水量；在泵房内安装通风设备，保持室内空气流通，降低水泵的温度和湿度等。

综上所述，通过合理选择水泵类型、加强安装和维护、建立使用管理制度等手段，可以有效地提高水泵的排水效率，降低隧洞施工中的涌水风险，保障施工安全。同时，加强监测和维护工作，确保水泵的正常运行和排水效果，为水利工程的安全运行提供有力保障。

(二) 堵漏与加固措施

1. 注浆材料的选型与配比

在处理水利工程隧洞施工中的涌水问题时，除了截水、排水等措施，堵漏与加固也是关键的应对方案。其中，注浆材料的选型与配比是堵漏与加固措施中的重要环节。

在对注浆材料进行选择时，应考虑隧洞施工中的涌水特点、地质条件和工程要求等。对于裂缝发育、渗漏严重的情况，应选择具有较好黏合力和防水性能的注浆材料，如聚氨酯、环氧树脂等；对于土质松软、易塌陷的区域，应选择具有较好加固性能的注浆材料，如水泥浆、水泥砂浆等。

注浆材料的配比应根据实际情况进行设计。不同的注浆材料有不同的配比要求，合理的配比可以提高注浆效果和耐久性。在配制过程中，应严格控制各种材料的用量，按照规定的比例进行混合。同时，应考虑注浆材料的黏稠度、稳定性等性能指标，以满足实际施工的要求。

在选型和配比注浆材料时，应注重环保和安全。选择无毒或低毒的注浆材料，避免对施工人员的身体健康造成危害。同时，应遵循安全操作规程，加强施工现场的通风和排风，降低有害气体和粉尘的浓度。

为了提高注浆效果，还应采取一些辅助措施。例如，在注浆前进行钻孔处理，清理孔内杂物和积水；在注浆过程中控制注浆压力和注浆量，确保注浆材料能够充分填充涌水通道；在注浆后进行养护和检测，确保注浆材料达到设计强度和防水性能要求。

综上所述，注浆材料的选型与配比如果适当，可以有效处理水利工程隧洞施工中的涌水问题。通过合理地选型和配比注浆材料，可以提高隧洞的堵漏与加固效果，降低涌水风险，保障施工安全。同时，加强施工现场的管理和监测，确保注浆施工的质量和安全，为水利工程的安全运行提供有力保障。在实际应用中，应根据工程实际情况选择合适的注浆材料和配比方案，综合考虑地质、水文、工程要求等因素，以达到最佳的堵漏与加固效果。

2. 注浆工艺的控制与优化

在处理水利工程隧洞施工中的涌水问题时，除了注浆材料的选型与配比，注浆工艺的控制与优化也是至关重要的。合理的注浆工艺能够确保注浆材料的有效注入，提高堵漏与加固的效果，降低施工风险。

注浆施工前，应确定合适的注浆工艺流程。根据隧洞施工条件和涌水特点，选择适合的注浆工艺流程，包括分段注浆、止水注浆、衬砌壁后注浆等。同时，应对施工流程进行细化，编制详细的施工方案和技术要求，确保施工质量和安全。

设计注浆施工参数时，也需格外慎重。注浆施工参数包括注浆压力、注浆量、注浆速度等，这些参数直接影响注浆效果。在施工过程中，应通过现场试验和监测,确定合理的注浆施工参数,并遵循“分段注浆、分层注浆、二次注浆”的原则,确保注浆材料能够充分填充涌水通道。

此外,还需选择性能稳定、耐久性好的注浆设备,确保其能够满足施工需求。根据施工流程和参数要求,合理配置注浆设备数量和型号,以提高施工效率和质量。

加强施工现场管理同样必不可少,应贯穿始终。建立健全的施工现场管理制度,明确各岗位人员的职责和工作要求;加强施工现场的监测和记录,及时发现和处理问题;加强技术培训和交底工作,提高施工人员的技术水平和安全意识。以上这些都是老生常谈的内容,需时刻注意。

为了进一步提高注浆效果,还可以采取一些辅助措施。例如,在注浆前进行超前钻或地质雷达探测,了解地层结构和涌水情况;在注浆过程中加入适量的膨胀剂或速凝剂,提高注浆材料的性能;在二次注浆时采用双液注浆或分段加提升注浆芯管的注浆方式等。

综上所述,注浆工艺的控制与优化在处理涌水问题时很有必要。通过合理的工艺流程和施工参数控制、设备配置及现场管理,以及采取适当的辅助措施等手段,可以提高隧洞的堵漏与加固效果,降低涌水风险,保障施工安全。同时,加强监测和维护工作,确保注浆施工的质量和安全,为水利工程的安全运行提供有力保障。

3. 锚杆加固技术的应用与实施

锚杆加固技术是水利工程隧洞施工中常用的一种堵漏与加固措施。通过在隧洞岩壁上打设锚杆,对围岩进行加固,提高其承载力和稳定性,有效防止涌水、坍塌等安全事故的发生。

在应用锚杆加固技术时,应首先对隧洞岩壁进行勘测,了解围岩的分布、岩石的强度和裂隙发育等情况。根据勘测结果,设计锚杆的长度、直径和间距等参数,确保锚杆能够有效加固围岩。

常用锚杆材料有钢绞线、螺纹钢等,应根据围岩特性和设计要求选择合适的材料。同时,应采用合适的钻孔设备和注浆工艺,确保锚杆能够顺利打设和固定。在施工过程中,应注意控制锚杆的角度和位置,确保其符合设计要求。

由于水利工程隧洞环境潮湿,锚杆容易受到腐蚀和生锈的影响。因此,应对锚杆进行防锈和防腐处理,延长其使用寿命。可以采取涂防锈漆、镀锌等防腐措施,以及定期检查和维护等管理措施,确保锚杆的长期稳定性和可靠性。

为了提高锚杆的加固效果,还可以采取一些辅助措施。例如,在锚杆端部设置扩大头或加垫板等装置,增加锚杆的承载能力;在围岩裂隙发育区域采用加密锚杆或注浆等措施，提高围岩的整体性和稳定性；在施工完成后进行锚杆的拉拔试验，检验锚杆的加固效果和承载能力。

综上所述，锚杆加固技术的应用与实施，在处理涌水问题过程中发挥着积极作用。通过合理的设计、选材、施工和管理等手段，可以有效提高隧洞围岩的承载力和稳定性，防止涌水、坍塌等安全事故的发生。同时，加强监测和维护工作，确保锚杆加固技术的长期稳定性和可靠性，为水利工程的安全运行提供有力保障。在实际应用中，应根据工程实际情况选择合适的锚杆加固技术方案，综合考虑地质、水文、工程要求等因素，以达到最佳的堵漏与加固效果。

（三）应急处理措施

1. 应急物资的储备与管理

为了确保在突发涌水事件中能够及时、有效地进行抢险救援，必须做好应急物资的储备和管理。

针对隧洞施工中的涌水风险和可能发生的险情，应提前制定应急物资储备清单。清单应包括必要的抢险设备、救援物资、防护用品等，以满足抢险救援现场的实际需求。同时，应确保储备的应急物资质量可靠、性能优良，能够满足紧急情况下的高强度使用。

在确定应急物资的储存地点时，应进行合理选择。储存地点应便于快速取用和运输，尽量靠近施工区域或潜在危险区域。同时，应考虑储存地点的环境条件，确保应急物资在储存期间不会受到潮湿、腐蚀等不利因素的影响。

在应急物资的储备过程中，应加强对应急物资的定期检查和维护。建立应急物资管理制度，明确管理责任人，确保应急物资得到及时更新和维护。对于性能下降或损坏的应急物资，应及时进行更换或修复，确保其始终处于良好的使用状态。

为了提高应急物资的响应速度和救援效果，还应建立应急物资调用机制。与周边的救援队伍和物资储备单位建立联动机制，确保在紧急情况下能够及时获取外部救援力量和物资的支持。同时，应加强与当地政府和相关部门的沟通协调，确保在需要时能够得到充分的行政支持和资源调配。

通过制定合理的应急物资储备清单、选择合适的储存地点、加强对应急物资的检查和维护、开展培训和演练，以及建立应急物资调用机制等手段，可以有效提高应对涌水问题的能力和效率，保障施工安全和人员生命财产安全。在实际应用中，应根据工程实际情况编制相应的应急物资储备与管理方案，并定期进行评估和更新，以确保其始终能反映当前的安全形势和救援需求。

2. 应急队伍的组建与培训

为了确保在突发涌水事件中能够迅速、有效地进行抢险救援，必须建立一支具备专业素质和实战经验的应急队伍。

应急队伍应由具备丰富抢险救援经验的专业人员组成，包括抢险技术专家、救援人员、医护人员等。同时，应明确应急队伍的组织架构和职责分工，确保在紧急情况下能够快速响应和有效行动。

应急队伍组建完成后，应加强对成员的培训和演练。制订详细的培训计划和演练方案，定期开展模拟演练和实战演练，提高应急队伍的应急处置能力和实战水平。培训内容应包括涌水救援的基本知识、应急设备的操作和维护、救援技术等方面，以确保应急队伍在紧急情况下能够迅速、准确地采取正确的救援措施。

应急队伍应进行日常管理和维护。建立应急队伍管理制度，明确管理责任人，确保应急队伍始终处于良好的备战状态。对于表现优秀的应急队员，应给予表彰和奖励，提高其工作积极性和责任心。同时，应加强与其他救援队伍和机构的合作与交流，共同提高抢险救援水平。

为了提高应急队伍的响应速度和救援效果，还应建立应急通信和信息共享机制。与相关部门和单位建立通信联络渠道，确保在紧急情况下能够及时获取相关信息和资源支持。同时，应加强应急救援过程中的信息收集、分析和共享工作，提高抢险救援的决策水平和行动效率。

由此可见，应急队伍的组建与培训，对处理水利工程隧洞施工中出现的涌水问题具有十分重要的作用。通过建立专业的应急队伍、加强培训和演练、日常管理和维护，以及建立应急通信和信息共享机制等手段，可以有效提高应对涌水问题的能力和效率，保障施工安全和人员生命财产安全。在实际应用中，应根据工程实际情况制订相应的应急队伍组建与培训方案，并定期进行评估和更新，确保其始终能反映当前的安全形势和救援需求。

3. 应急演练的实施与评估

实施应急演练，可以检验应急预案的可行性和有效性，提高应急队伍的实战能力和员工的应急意识，确保在突发涌水事件时能够迅速、准确地应对。

根据隧洞施工的特点和可能发生的涌水风险，确定应急演练的目标、内容、时间、地点和参与人员。确保演练内容全面覆盖实际施工中的各种可能情况，提高演练的针对性和实用性。

按照应急演练计划，模拟突发涌水事件，检验应急队伍的响应速度、协调配合能力，以及救援技术水平。在演练过程中，应注重实战性，模拟真实场景，提高演练的逼真程度。同时,应加强对演练过程的监督和记录,确保演练的规范性和有效性。

应急演练结束后,对应急演练的效果进行全面评估,分析存在的问题和不足之处,提出改进措施和建议。同时,应总结演练的经验和教训,完善应急预案和应急流程,提高应对涌水问题的能力和效率。

此外,应加强对应急演练的宣传和教育。通过开展宣传活动、张贴宣传海报等形式,提高员工对应急演练的认知度和参与度。让员工充分认识到应急演练的重要性和必要性,增强员工的应急意识和自救、互救能力。

为了提高应急演练的效果和质量,还应加强与外部救援队伍和机构的合作与交流。通过联合组织应急演练、观摩学习等形式,借鉴先进的应急救援技术和经验,提高自身的应急救援水平。同时,应积极寻求政府和相关部门的支持与合作,共同推进水利工程隧洞施工中的应急处理工作。

综上所述,通过制订详细的应急演练计划、组织实施应急演练、对应急演练进行评估和总结,以及加强宣传和教育等手段,可以有效提升应对涌水问题的能力和效率,保障施工安全和人员生命财产安全。在实际应用中,应根据工程实际情况编制相应的应急演练方案,并定期进行评估和更新,确保其始终能反映当前的安全形势和救援需求。

(四)环境保护措施

1. 减少对周边环境的扰动与破坏

水利工程隧洞施工中的环境保护措施对维护周边生态平衡和减少对环境的扰动与破坏至关重要。在施工过程中,应采取一系列措施来降低对周边环境的影响,包括减少对周边环境的扰动与破坏、加强水土保持、合理利用资源等。

应重视施工前期的环境评估工作。在施工前,对周边环境进行详细调查和评估,了解当地的生态状况、地形地貌、水文地质等信息。根据评估结果,制订相应的施工方案和环境保护措施,尽可能减少对周边环境的扰动与破坏。

应加强施工过程中的环境保护措施,采取一系列措施来降低对周边环境的影响。例如,合理规划施工场地,减少对周边植被的破坏;加强施工废水的处理,确保达标排放;控制施工噪声,减少粉尘等污染物的排放,降低对周边居民的影响;加强施工现场的生态保护,尽可能保留原有的生态系统和物种多样性。

同时,还应加强水土保持工作,采取有效措施防止水土流失。例如,合理设置排水系统,防止雨水冲刷;加强边坡防护,采取植草、喷浆等措施;合理利用土石方资源，避免随意堆放和开挖等。通过加强水土保持工作，可以有效降低对周边环境的破坏和影响。

2. 加强废水和废弃物的处理与利用

为了降低对周边环境的污染和破坏，应采取一系列措施来加强废水和废弃物的处理与利用。

在施工过程中，会产生大量的施工废水，如不及时处理，会对周边环境造成严重污染。因此，应建立完善的废水处理设施，对施工废水进行收集、处理和再利用。处理后的废水应达到相关排放标准，避免对周边水体造成污染。

在施工过程中，还会产生各种废弃物，如建筑垃圾、生活垃圾、废油等。这些废弃物如不妥善处理，也会对周边环境造成负面影响。因此，应建立废弃物分类和处理制度，对不同类型的废弃物采取不同的方式处理。例如，建筑垃圾可以进行再利用或妥善处置；生活垃圾应进行集中处理；废油等危险废弃物应交由专业机构进行处理。

3. 恢复植被与生态补偿措施的应用

恢复植被与生态补偿措施的应用是水利工程隧洞施工中环境保护的重要环节。为了降低施工对周边生态环境的影响，应采取一系列措施来恢复植被和实施生态补偿。

在施工完成后，应对施工场地进行清理和整治，尽量恢复原有的地形地貌。对被破坏的植被，应采取措施进行补种和绿化，提高植被覆盖率，降低水土流失的风险。同时，应加强对生态恢复工作的监督和评估，确保恢复效果达到预期目标。

由于水利工程隧洞施工不可避免地会对周边生态环境造成一定影响，因此应采取生态补偿措施来弥补这种影响。例如，对受损的植被和水体，可以通过生态修复和治理来恢复其生态功能；对受到影响的野生动物和鱼类，可以采取迁移、保护和繁育等措施，确保其种群得到恢复和发展。

恢复植被时，应当优先选择栽种本地植物。本地植物通常经过长期的自然选择，适应了当地的气候、土壤和生态条件，因此更有可能在恢复过程中生存和繁衍。此外，还应当优先选择那些具有抗逆性强、生长迅速、耐干旱或耐湿润等优点的植物品种。这些特性能够帮助植被更快地建立起来，增强其抵御外界环境压力的能力，从而提高植被恢复的成功率。

在施工过程中，应加强环境保护宣传和教育，增强全体员工的环境保护意识和责任感。同时，应积极开展环境保护公益活动，加强与当地居民和相关组织的沟通和合作，共同推进环境保护工作。

此外，还应建立环境保护与生态补偿机制。建立完善的环境保护与生态补偿机制，明确各级管理人员和操作人员的环保职责和工作要求。加强施工现场的监测和检查，及时发现和处理环境问题。同时，应加强环保宣传和教育，增强全体员工的环保意识和责任感。

第三节　隧洞施工坍塌问题及处理对策

一、隧洞施工坍塌问题的原因分析

（一）地质条件复杂多变

在水利工程隧洞施工中，地质条件是影响隧洞稳定性的重要因素之一。由于地质勘查的局限性，隧洞穿越的地层可能存在复杂多变的情况，如岩体节理裂隙发育、软弱夹层、地下水分布等。这些地质条件的变化可能导致隧洞施工过程中的坍塌和变形，增加了施工难度和风险。同时，隧洞穿越区域的地质条件可能存在突变，如断层、破碎带等，这些区域的地质条件较差，稳定性差，极易发生坍塌和变形。因此，在隧洞施工中，需要加强对地质条件的勘查和分析，充分了解和掌握隧洞穿越区域的地质情况，为施工方案的编制和实施提供科学依据。

（二）施工技术和方法不当

在水利工程隧洞施工中，施工技术和方法的选择对隧洞的稳定性和安全性至关重要。如果施工技术和方法不当，可能导致隧洞结构的破坏和坍塌。例如，在开挖过程中，如果采用不合理的爆破方式或者开挖顺序，可能会引起岩体的松动和坍塌；在支护过程中，如果支护结构的设计和施工不符合规范要求，或者没有及时进行支护，可能会造成围岩的变形和坍塌。此外，施工技术和方法不当还可能影响隧洞施工的质量和进度，增加工程成本和风险。因此，在隧洞施工中，需要根据工程实际情况选择合适的施工技术和方法，加强施工过程的监控和管理，确保隧洞施工的安全和质量。

（三）施工管理存在漏洞

施工管理是水利工程隧洞施工中不可或缺的一环，其目的是确保施工安全、有序、高效地进行。然而，在实际施工过程中，由于各种原因，施工管理可能会存在一些漏洞，如果问题严重，可能会引发隧洞的坍塌。

例如，施工管理制度不健全可能导致管理混乱，无法有效地监控施工过程，不能及时发现并解决潜在的安全隐患；管理人员责任心不强或者管理水平不足,可能导致施工过程中的问题得不到及时处理,增加了隧洞坍塌的风险;安全教育不到位、安全措施不完善等管理问题也可能导致施工事故的发生。

(四)施工监测和预警系统不完善

在水利工程隧洞施工中,施工监测和预警系统对预防隧洞坍塌至关重要。通过实时监测隧洞围岩的变形、应力、地下水等情况,可以及时发现异常情况并采取相应的措施,避免事故的发生。然而,在实际施工中,由于种种原因,如资金投入不足、技术水平有限、管理不到位等,施工监测和预警系统往往不完善,无法充分发挥其应有的作用。

不完善的表现之一是监测点布置不合理,无法全面反映隧洞围岩的实际情况。例如,监测点过少或过于集中,可能导致某些区域的问题无法及时发现。预警阈值设置不科学,导致误报或漏报的情况时有发生。此外,数据传输和处理的不及时、不准确也是常见的问题之一,这可能导致决策者无法及时做出正确的判断并采取适当的应对措施。

二、隧洞施工坍塌问题的预防措施

(一)加强地质勘查和风险评估

为了预防隧洞施工中的坍塌问题,必须对施工区域进行详细的地质勘查,并在此基础上进行全面的风险评估。地质勘查是了解施工区域地质构造、岩土性质、地下水分布等关键信息的必要手段,通过勘查可以获取更加准确的地质资料,为后续的施工方案编制和风险评估提供科学依据。

在进行地质勘查时,应采用先进的勘查技术和设备,确保获取的数据准确可靠。同时,要重视数据的整理和分析,对施工区域的地质情况有全面的了解。在此基础上,进行全面的风险评估,识别可能存在的坍塌风险因素,并对这些因素进行定性和定量的分析,评估其对施工安全的影响程度。

通过加强地质勘查和风险评估,可以更加准确地了解施工区域的地质条件和潜在风险,为制订有效的预防措施提供依据。同时,还可以增强施工人员的安全意识和技术水平,为隧洞施工的安全顺利进行提供有力保障。

(二)选择合适的施工技术和方法

在预防隧洞施工坍塌问题中,选择合适的施工技术和方法至关重要。不同的施工区域和地质条件需要采用不同的施工技术和方法,以确保施工安全和质量。因此,在施工前,应进行详细的技术分析和方案比较,选择最适合当前工程条件的施工技术和方法。

对于隧洞开挖,应采用合适的爆破方式和开挖顺序,控制开挖断面尺寸和超欠挖,避免对围岩造成过大的扰动和破坏。同时,应重视隧洞支护工作,根据围岩条件选择适当的支护形式和参数,确保支护结构能够有效地支撑围岩,防止坍塌和变形。

此外,应采用现代化的施工设备和技术手段,提高施工效率和工程质量。例如,采用智能化的监测和预警系统,实时监测围岩和支护结构的变形和应力情况,及时发现异常并采取应对措施。通过选择合适的施工技术和方法,可以有效降低隧洞施工坍塌的风险,保障施工安全和质量。

(三)强化施工管理,增强安全意识

施工管理是预防隧洞施工坍塌问题的重要环节,必须强化施工管理,增强全体施工人员的安全意识。

应建立健全的施工管理体系,明确各级管理人员和操作人员的职责和工作要求,确保施工过程有序、高效地进行。同时,应加强施工现场的管理和监督,确保各项安全措施得到有效执行。

安全教育是增强安全意识的重要手段,应定期对施工人员进行安全教育和培训,提高他们的安全意识和技能水平。同时,应加强安全宣传工作,提高全体员工对安全重要性的认识,形成人人关心安全的良好氛围。

此外,还应建立完善的安全检查和考核制度,定期对施工现场进行安全检查和评估,及时发现和处理安全隐患。对于发现的违规行为和事故隐患,应严肃处理并追究相关人员的责任。

通过强化施工管理和增强安全意识,可以有效降低隧洞施工坍塌的风险,保障施工人员的生命安全和工程的顺利进行。同时,也有助于提高工程的整体质量和企业的竞争力。

(四)建立完善的施工监测和预警系统

为了有效预防隧洞施工坍塌问题,必须建立完善的施工监测和预警系统。该系统应具备实时监测、数据采集、分析处理和预警发布等功能,能够对隧洞施工过程中的围岩变形、应力变化、地下水动态等进行全面监测。

(1)要合理布置监测点,确保能够全面覆盖隧洞施工区域。监测设备应选用高精度、稳定可靠的仪器,并定期进行校准和维护,确保数据采集的准确性和可靠性。

(2)要加强数据传输和处理工作。监测数据应能够实时传输到控制中心进行分析处理,以便及时发现异常情况。应采用先进的数据处理技术和算法,对监测数据进行深入分析,提取关键信息,为预警提供依据。

(3)要建立完善的预警机制。根据数据分析结果和工程经验,合理设置

预警阈值,及时发出预警信息。预警信息应能够快速传递给相关人员,以便采取应对措施。同时,应定期对预警系统进行评估和优化,不断完善预警机制,提高预警的准确性和时效性。

通过建立完善的施工监测和预警系统,可以实现对隧洞施工过程的全面监控和智能管理,及时发现并处理异常情况,有效预防隧洞施工坍塌问题的发生。同时,也有助于提高工程的施工效率和质量,降低工程风险和成本。

三、隧洞施工坍塌问题的处理对策

(一)紧急救援和处理

1. 立即启动应急预案

一旦发生隧洞施工坍塌事故,应立即启动应急预案,确保救援工作能够迅速、有序地进行。

事故发生后,应第一时间迅速成立应急指挥部,统一协调指挥救援工作。应急指挥部应由相关部门和专家组成,具备全面的救援资源和协调能力,能够快速响应并做出决策。

立即组织救援队伍进入事故现场,展开紧急救援工作。救援队伍应包括专业的救援人员、医疗人员和安全技术人员等,要具备丰富的救援经验和技能,能够有效地展开救援行动。

同时,应启动通信保障机制,确保救援现场与外界的通信畅通。及时向有关部门报告事故情况,协调各方面资源的支持救援工作。

以上应急步骤应在平时进行定期演练和评估,确保操作的有效性和可行性。通过演练和评估,及时发现其中存在的问题和不足,并进行改进和完善。

通过立即启动应急预案,可以迅速展开救援行动,降低事故造成的人员伤亡和财产损失。同时,也有助于提高企业的应急管理和救援能力,为今后的类似事故提供经验和借鉴。

2. 保障救援人员安全

在隧洞施工坍塌事故的紧急救援中,保障救援人员的安全至关重要。救援人员需具备相应的专业知识和技能,了解可能的风险和安全操作规程。在进入事故现场前,应进行必要的安全培训和装备检查,确保救援人员具备足够的安全意识和自我保护能力。

在救援人员进入现场前,应采取必要的安全措施来降低救援人员面临的风险。首先,应配备必要的安全装备,如防护服、安全帽、手套、呼吸器等,并确保其完好无损。其次,应设置安全警示标志和警戒线,确保救援人员能够清楚地识别危险区域,避免进入危险区域。最后,应加强现场安全监管,及时发现并处理安全隐患,确保救援工作的顺利进行。

在救援过程中,应保持冷静并沉着应对,遵循安全操作规程和应急预案的要求。一旦发现异常情况或风险,应及时报告并采取相应的应对措施。同时,应加强团队协作和沟通,确保救援人员之间的信息传递准确无误,提高救援效率和质量。

通过以上措施,可以有效地保障救援人员的安全,降低事故对救援人员造成伤害的风险。同时,也有助于增强救援人员的安全意识和自我保护能力,为今后的救援工作提供经验和借鉴。

3. 对受困人员进行救治和转移

在隧洞施工坍塌事故中,受困人员的救治和转移是紧急救援的重要任务。一旦发现受困人员,应立即启动救援行动,尽快将其从危险区域中救出。

救援人员应迅速确定受困人员的位置和状况,了解其受伤程度。根据现场情况,制订合理的救援方案,并调配物资,确保救援行动的有效性。

在救援过程中,应遵循安全操作规程,采取必要的安全措施,确保救援人员和受困人员的安全。同时,应加强与受困人员的沟通,稳定其情绪,给予必要的心理支持。

一旦将受困人员救出,应立即进行必要的急救和医疗处置。根据受伤程度和需要,将受困人员送往医疗机构进行进一步治疗。在转移过程中,应保持稳定和安全,确保受困人员的生命安全。

通过及时、有效的救治和转移,可以降低受困人员的伤亡风险,保障其生命安全。同时,也有助于提升企业的社会责任感和公众形象,增强企业的社会认可度。

(二)原因分析和整改

1. 对事故原因进行深入调查和分析

在隧洞施工坍塌事故发生后,应立即展开对事故原因的深入调查和分析。通过对事故现场的勘查、对相关人员的询问和调查,以及技术鉴定等手段,全面了解事故发生的经过和原因。

事故原因的调查应由专业人员完成,对事故现场进行详细勘查,收集相关证据和资料。同时,应询问相关人员,了解事故发生时的具体情况和可能的原因。在调查过程中,应保持客观、公正和透明,确保调查结果的准确性和可靠性。

在深入调查的基础上,分析事故发生的原因和关键因素,找出事故发生的深层次原因和规律。通过分析,可以确定事故的责任方和责任人,为后续的整改和预防提供依据。

通过深入调查和分析事故原因,可以及时发现施工中存在的问题和不足,为整改和预防类似事故提供经验和借鉴。同时,也有助于提高企业的安全管理水平和施工质量。

2. 制定整改措施,防止类似事故再次发生

在深入调查和分析事故原因的基础上,应制定有效的整改措施,防止类似事故再次发生。整改措施应根据事故原因的具体情况,针对施工管理、技术、设备和人员等方面的问题,编制切实可行的整改计划和方案,具体包括以下几个方面。

(1)加强施工管理,完善管理制度和规范操作规程。对施工过程进行全面监督和检查,确保各项安全措施得到有效执行。同时,应建立完善的应急预案,提高应对突发事故的能力和效率。

(2)提高施工技术水平,加强技术研发和创新。采用先进的施工技术和设备,提高施工质量和效率,降低事故风险。同时,应加强技术培训和交流,提高施工人员的技能水平和安全意识。

(3)加强设备维护和安全管理,确保设备运行正常。对设备进行定期检查和维护,及时发现并处理设备故障和安全隐患。同时,应加强设备操作人员的培训和管理,增强其操作技能和安全意识。

(4)建立完善的事故报告和追责制度,及时处理和纠正各类事故与违规行为。对事故责任人进行严肃处理,并追究相关人员的责任。同时,应鼓励员工积极参与安全管理和监督,形成全员参与的安全管理氛围。

通过以上整改措施的制定和实施,可以有效地防止类似隧洞施工坍塌事故的再次发生。同时,也有助于提高企业的安全管理水平和施工质量,为企业的可持续发展提供保障。

(三)事后评估和总结

1. 对事故造成的损失进行评估和统计

在隧洞施工坍塌事故发生后,应立即对事故造成的损失进行评估和统计。这包括对人员伤亡、财产损失、环境影响等方面的评估,以及统计和分析事故对施工进度和项目成本造成的影响。

人员伤亡是事故中最直接和最严重的损失,应对伤亡人数、伤情和治疗情况进行详细记录和统计。财产损失包括施工设备、材料和设施的损坏,应对损失情况进行实地查看和评估,并做好相关记录和统计。

此外,隧洞施工坍塌事故可能对周边环境和生态系统造成影响,应评估事故对环境的影响程度,并采取必要的措施进行恢复和补偿。

同时,应统计事故对施工进度和项目成本的影响。对施工进度的影响包括事故导致的停工时间、修复和重建所需的工期等;对项目成本的影响包括事故导致的额外费用、赔偿费用等。通过对这些进行统计和分析,可以为后续的整改和预防提供经验和借鉴。

通过对事故造成的损失进行评估和统计,可以全面了解事故的严重程度和影响范围,为后续的事故处理、赔偿和恢复工作提供依据。同时,也有助于增强企业的安全意识和风险管理水平,促进企业的可持续发展。

2. 对整个处理过程进行总结和反思,提升应对能力

隧洞施工坍塌事故处理结束后,应对整个处理过程进行总结和反思,提高应对类似事故的能力。这包括对事故原因的深入分析、处理措施的有效性评估、经验教训的总结等方面。

在总结和反思事故处理过程前,应全面分析事故原因,深入了解事故发生的根本原因和关键因素。这有助于发现施工管理、技术、设备和人员等方面存在的问题和不足,为后续的整改和预防提供依据。

对事故处理措施应进行有效性评估,包括对救援行动、原因调查、整改措施等方面。通过评估,可以及时发现处理过程中的不足和问题,并采取相应的改进措施,提升应对能力。

针对事故,总结经验教训,提炼出有用的经验和教训。这包括对事故发生和处理过程中的成功经验和不足之处进行总结,以及对后续整改与预防工作的建议和改进措施进行梳理。通过经验教训的总结,可以增强企业的安全意识和提高风险管理水平,提升应对类似事故的能力。

除了对事故本身的梳理,还应加强对员工的日常培训和教育,提升员工的安全意识和应对能力。通过开展安全培训、应急演练和安全教育等活动,使员工熟悉安全操作规程和应急预案,掌握应对突发事故的技能和知识,提升应对能力。

通过对整个处理过程的总结和反思,可以提高企业应对隧洞施工坍塌事故的能力和水平。同时,也有助于提升企业的安全管理水平和风险防范意识,为企业的发展提供保障。

3. 对相关责任人员进行追责和处理

在隧洞施工坍塌事故的事后评估和总结中,对相关责任人员的追责和处理是重要的一环。应根据事故调查结果,对相关责任人员进行严肃处理,维护

企业的正常秩序和施工安全。

对直接导致事故的责任人员，应根据其过错程度和责任大小，依法依规进行处理。对涉嫌违法犯罪的责任人员，应移交司法机关进行处理。同时，对管理不善、监管不力的领导和部门，也应追究其相应的责任。

在追责过程中，应坚持客观、公正、透明的原则，确保处理结果的合法性和合理性。同时，应加强与员工的沟通和教育，让员工了解事故处理的依据和程序，增强员工的法治意识和安全意识。

通过对相关责任人员进行追责和处理，可以起到警示和震慑作用，提醒员工时刻保持警觉，严格遵守安全操作规程和规章制度。同时，也有助于提升企业的管理水平和安全防范意识，减少类似事故的发生。

总之，对相关责任人员进行追责和处理是隧洞施工坍塌事故处理的重要环节之一。应依法依规进行处理，确保处理结果的合法性和合理性，同时加强员工的安全教育和培训，提高企业的安全管理水平。

参考文献

[1] 张海深.大断面土质隧洞四台阶九步开挖法的应用探索[J].中国设备工程,2020,(10):242-244.

[2] 沈爱锋.水利工程隧洞开挖施工技术的探讨[J].建材发展导向,2023,21(4):175-177.

[3] 周亚波.水利工程隧洞施工技术的研究[J].工程技术研究,2017(8):69-70.

[4] 沈文海.水利水电工程引水隧洞洞挖施工方法分析[J].江西建材,2022(5):218-219.

[5] 路隆郡.水利隧洞工程的开挖施工和塌方处理[J].四川水泥,2022(5):140-142.

[6] 吕建林.水利小断面土质隧洞施工技术探讨[J].珠江水运,2020(15):49-50.

[7] 张刚武,殷国权,王天西,等.超长距离、大断面引水隧洞钻孔灌浆施工机械化研究与应用[J].四川水力发电,2013,32(6):1-4.

[8] 王成刚.黄河引水隧洞爆破开挖施工技术[J].工程技术研究,2023,8(14):79-81.

[9] 刘斌.简谈小断面引水隧洞爆破开挖质量控制[J].大众标准化,2023(15):37-39.

[10] 马志登,朱群燕,赵余红,等.水利工程隧洞开挖施工技术[M].北京:中国水利水电出版社,2020.

[11] 项宏敏,侯志金.水利工程隧洞施工技术[M].北京:中国水利水电出版社,2021.

[12] 王飞雁.开挖与爆破技术在输水隧洞工程中的应用[J].湖南水利水电,2018(4):66-69.

[13] 苏尹俊.全断面开挖法在特大断面隧道施工中的应用研究[J].科学中国人,2017(18):199.

[14] 谢玉轩.水利工程输水隧洞施工安全管理分析[J].建材发展导向,2022,20(16):102-104.

[15] 刘冬青.水利建设工程中钻孔灌浆及防渗墙工程施工研究[J].河南科技,2021,40(36):63-65.

[16] 刘鹏.水利水电工程灌浆施工技术及其质量管理措施研究[J].建材与装饰,2020(20):285,288.

[17] 吕建林.水利小断面土质隧洞施工技术探讨[J].珠江水运,2020(15):49-50.

[18] 何米杏.水利工程隧洞施工中遇到的问题处理方法[J].建材与装饰,2019(19):282-283.

[19] 郑建阳.水利工程中复杂岩溶池地层超大型溶洞项目施工优化措施研究[J].工程技术研究,2022,7(15):72-74.

[20] 刘文军.水利水电工程水工隧洞渗水问题探讨[J].四川水泥,2021(8):312-313.

[21] 龙潭. 引水隧洞悬挑梁通过溶洞施工工法[J]. 智能城市,2018,4(18):87-88.
[22] 冉习. 对水工隧洞设计的分析[J]. 黑龙江水利科技,2014,42(1):114-116.
[23] 孟令谦. 输供水工程隧洞爆破技术分析[J]. 陕西水利,2020(4):166-168.
[24] 高仝. 水工隧洞设计方法研究[J]. 黑龙江水利科技,2017,45(6):73-74,93.
[25] 张启明. 隧洞施工中的难点问题及处理对策探析[J]. 地下水,2020,42(5):301-302.